전자기적 결합 현상의 응용

평면형 안테나, 좁은 슬릿의 투과 공진 구조, 그리고

근접장 주사 광학 현미경의 탐침 구조의 동작원리

전자기적 결합 현상의 응용

평면형 안테나, 좁은 슬릿의 투과 공진 구조, 그리고 근접장 주사 광학 현미경의 탐침 구조의 동작원리

조영기

경북대학교출판부

조영기

서울대학교 전자공학 학사, 한국과학기술원 전자공학 석·박사 과정을 마쳤으며 1981년부터 현재까지 경북대학교 전자공학과에서 근무하고 있다. 한국통신학회의 마이크로파 및 전파 분과 위원장, 대한전자공학회의 군사학회 위원장, 2007년 한국전자파학회 회장, 2011년 국제학술대회 ISAP(안테나 및 전파에 관한 국제학술대회)의 general chair를 역임하였고, 1996년부터 현재까지 URSI(국제전파연합)의 Commission B의 Fields and Waves 분야의 한국 대표, 그리고 2009년부터 현재까지 URSI 한국 대표를 맡고 있다.
미국 전자공학 분야의 *IEEE AP* 저널과 미국 물리학 분야의 *Physics teacher*에 논문을 기고하고 있으며, 주요 저서로는 『전자공학의 구조와 흐름』, 『안테나공학 강의 Ⅰ, Ⅱ』(RERC, 전파교육연구센터), 『전자기학강의 Ⅰ, Ⅱ』(RERC, 전파교육연구센터)가 있다. 역학과 전자기학 분야에 관심을 가지고 연구를 진행 중이다.

전자기적 결합 현상의 응용

평면형 안테나, 좁은 슬릿의 투과 공진 구조, 그리고 근접장 주사 광학 현미경의 탐침 구조의 동작원리

초판 1쇄 2012년 11월 9일 | **초판 2쇄** 2013년 9월 10일
지은이 조영기 | **펴낸이** 함인석 | **펴낸 곳** 경북대학교출판부
출판등록 1973년 10월 10일 ㉑97호 | **주소** 대구광역시 북구 대학로 80
전화 053-950-6741 ~ 3 | **팩스** 053-953-4692 | **E-mail** press@knu.ac.kr

ISBN 978-89-7180-360-8 93560

값은 표지 뒷면에 있습니다.
파본은 바꾸어 드립니다.

서 문

본 저술 작업의 목표는 분명하게 잘라 말할 수 있다. 마이크로 스트립 안테나 기술 분야에서 신데렐라라고 불릴 정도로 인기를 끌어 왔던 개구 결합형 마이크로 스트립 안테나(aperture coupled microstrip antenna)와 근접 결합형 마이크로 스트립 안테나(proximity coupled microstrip antenna)의 동작원리, EMC(electromagnetic compatibility) 분야에서 중요한 토픽의 일부인 개구 결합(aperture coupling) 문제의 근사적인 모델 문제인, 두께가 있는 도체 평판에 관통하여 있는 좁은 슬릿을 통한 투과 공진 현상의 동작원리, 집적 광학 분야(integrated optics area)에서 프리즘이 사용되는 원리로서의 FTIR(frustrated total internal reflection) 현상의 동작원리, 그리고 나노기술(nanotechnology) 분야에서 그 중요성이 더 강조되고 있는 NSOM(near-field scanning optical microscopy)의 동작원리와 NSOM 기술의 일부로서 PSTM(photon scanning tunneling microscopy)의 동작원리 등, 다양한 학문 분야의 여러 가지 다른 구조들의 동작원리 간의 물리적인 공통점이나 유사성을 중심으로 기술하여 통합적인 견해를 구축하도록 하는 데 있다. 이러한 목표를 달성하기 위해, 독자들의 이해에 도움이 되도록 설명을 반복적으로 제시하였다

1998년에 두께가 있는 금속 스크린에 파장에 비하여 매우 작은 반경을 갖는 원통형 홀(cylindrical hole)이 이차원적인 주기 구조로 구성되어 있는 격자 구조에 빛이 입사했을 때 의외로 큰 빛 에너지가 이러한 격자 구조를 지나 투과한다는 사실이 보고되어 전자공학과 물리학 분야를 포함한 학계의 지대한 관심을 끌었다. 특이한 광투과(extraordinary optical transmission, 줄여서 EOT) 현상으로 불리게 된 이 연구결과가 1998년도 2월호 *Nature*에 발표되자마자 이 현상의 물리적 설명을 위하여 엄청난 연구가 이루어지게 된다. 이때 실제 격자에서 사용되었던 원통형 홀 구조 대신에 해석의 편의와 특이한 광투과 현상에 대한 명확한 이해를 위하여, 단순화된 모델로서 좁은 슬릿 구조가

광범위하게 연구되었다. 좁은 슬릿의 단일 구조와 좁은 슬릿으로 구성된 주기구조가 동시에 연구되었는데 이러한 두 가지 구조의 해석을 통하여 특이한 광투과 현상에 대한 물리적 이해를 위해 서로 모순되지 않는 설명 방식을 얻을 수 있었다. 그런데 이렇듯이 1998년에 물리학 분야에서 보고된 EOT 현상의 물리적인 이해를 얻기 위하여 연구되었던 좁은 슬릿 구조는 이미 전자공학 분야, 특히 IEEE(Institute of Electrical and Electronics Engineering)의 Antennas and Propagation(줄여서 AP) Society에서 대략 20년 전쯤에 미국 R. F. Harrington 교수가 개구 결합 문제(electromagnetic coupled problems through apertures)로 다룬 것이었다. 1980년, IEEE의 Transaction on Antennas and Propagation 학술지 9월호에 「두께가 있는 도체 스크린의 좁은 슬릿을 통한 전자기적인 투과현상(electromagnetic transmission through narrow slots in thick conducting screens)」이라는 제목으로 게재되었는데 이 논문에서는 기존의 작은 개구 결합(small hole coupling) 문제를 다룰 때 사용되었던 Hans Bethe의 분극도 개념(polarizability concept)에 비하여 보다 다양한 구조, 즉 개구의 크기가 상대적으로 크거나 두께가 있는 경우에 적용될 수 있는 방법으로서 일반적인 어드미턴스 개념(모멘트 방법의 한 형태인)을 제안하며 문제를 다루었다. 흥미롭게도 물리학 분야에서 EOT 현상에 대한 물리적 이해를 얻기 위하여 채택했던 단순한 구조적 모델로서 선택되었던 좁은 슬릿 문제에 관한 연구결과와 전자공학 분야에서 Harrington 교수의 좁은 슬릿에 의한 전자기적 결합 문제에 관한 연구 결과는 투과 공진(transmission resonance) 현상을 설명하는 데 서로 모순되지 않고 잘 양립하고 있었다. 물론 물리학 분야에서의 좁은 슬릿에 의한 투과 현상에 대한 연구는 도체의 전도도가 무한대가 아닌 경우도 포함하여 다루었기 때문에 플라스몬에 의한 현상도 포함하고 있다는 점은 지적해야겠지만, 어쨌거나 서로 다른 분야에서의 연구로서 서로의 존재를 인지하지 못한 채 동일한 연구결과를 만들어 냈다는 사실은 흥미로운 일이다. 물론 Harrington 교수의 연구가 대략 20년 먼저 이루어졌지만….

한편 전자공학, 특히 전파공학 영역의 마이크로 스트립 안테나 분야에서 그야말로 일세를 풍미했다고도 표현할 수 있는 두 가지 형태의 안테나가 있는데, 개구 결합형 마이크로 스트립 안테나와 근접 결합형 마이크로 스트립 안테나가 그것이다. 놀랍게도 이러한 두 가지 형태의 안테나 구조를 이차원적인 문제로 근사하여 재구성한 구조에서, 최대의 복사가 일어나서(즉 입사 전력의 100%가 복사 구조를 통하여 완전히 복사되는) 임피던스 정합이 되는 조건을 살펴보면 이 경우의 임피던스 매칭 조건과 앞에서 EOT 문제와 관련해서, 근사화한 모델인 좁은 슬릿 구조에 대하여, 기술한 투과 공진 문제가 본질적으로 동일한 물리적인 내용으로 구성되어 있다. 전자의 문제, 즉 EOT와 관련된 좁은 슬릿에 의한 투과 공진 문제에서는 투과 공진이 일어나기 위하여는 반드시 투과 공진기(transmission cavity) 구조가 필수적으로 구성되어야 한다는 점에서 transmission cavity resonance(줄여서 TCR) 문제라 하고 후자의 문제, 즉 전술한 두 가지 형태의 마이크로 스트립 안테나의 2차원적인 근사 모델에서는 급전 슬릿(coupling slit)과 인접 산란체(nearby scatterer)가 결합된 구조가 필수적이므로 aperture body resonance(줄여서 ABR)라고 부를 수 있다. 흥미롭게도 전자공학 분야의 필터 구조와 개구 안테나 구조는 위에서 논의한 두 가지 형태의 문제로 분류하여 이해하면 편리하다. 또다른 ABR 문제로서 평행 평판 도파관의 오른쪽 종단에 플랜지가 되어 있는 개방 개구(슬릿)와 스트립 형태의 인접 산란체로 구성된 구조를 들 수 있다. 이 문제의 경우는 플랜지가 되어 있는 평행 평판 도파관의 종단 개구(슬릿) 구조를 탐침(probe) 구조로 보고 인접 도체 산란체(스트립 형태의)를 영상을 얻고자 하는 문제로 간주하여, 탐침 구조를 영상을 얻고자 하는 물체(인접 도체 산란체에 해당)에 인접한 단면의 평면에서 TV 주사선처럼 주사(scanning)하면서 탐침에서 측정되는 반사계수의 변하를 탐지하여 이미징(영상)을 얻을 수 있게 된다. 따라서 이 경우는 NSOM의 동작 원리를 이해하는 데 훌륭한 모델이 될 수 있다. 따라서 ABR 문제로서, 마이크로 스트립 안테나를 대표하는 개구 결합형과 근접 결합형 안테나의 2차원적인 근사 구조와 플랜지된 평행 평판 도파관 우측 종단의 개방형 슬릿(개구)과 인접 도체 스트립으로 이루어진 구조의 세 가지를 다루었다. 이 중에서 세 번째 구조를 NSOM(근접장 주사 광학 현미경) 구조의 근사적인 모델로 하여 NSOM의 동작원리를 설명하였고 이러한 설명 방식을 NSOM의 일종인 PSTM의 동작 원리 설명에도 확장하여 보았다.

끝으로 내부 전반사(total internal reflection)가 일어나고 있는 매질 외부 경계면으로부터 지수 함수적으로 감쇄하는 형태로 존재하는 소멸장(근접장) 내부에 어떤 산란체가 놓이게 되면 원래 매질 내부에서 만족되었던 내부 전반사 조건이 깨지게 되어 매질 내부의 일부 전력이 외부로 누설될 수가 있는데 이러한 현상을 적극적으로 사용한 예가 바로 프리즘이나 격자 결합기를 사용하여 도파 구조와의 결합구조를 구현하는 경우에 해당된다. 유전체 슬랩(dielectric slab) 도파로 내부에서의 도파 모드는 유전체 경계면에서의 전반사 현상을 반복하면서 진행해 나가는 반면, 이때 유전체 경계면 외부에서는 지수 함수적으로 감쇄하는 장이 존재하는데 전술한 바와 같이 이러한 영역에 프리즘이나 격자 결합기를 사용하여 유전체 도파로에 에너지를 공급하거나 유전체 도파로로부터 에너지를 외부로 끄집어내기도 한다.

지금까지 논의한 다양한 구조에서 일어나는 물리 현상, 즉 첫 번째로 평면형 안테나를 근사화한 두 가지 ABR 구조와 플랜지된 평행 평판 도파관의 우측 종단 슬릿에 도체 스트립을 인접시킴으로써 구성된 또 다른 ABR 구조, 즉 전술한 3가지 ABR 구조에서의 최대 복사 조건(또는 임피던스 정합 조건)과 두 번째로 두께가 있는 도체 평판을 관통하여 존재하는 좁은 슬릿 구조로 입사하는 전자파가 최대로 투과되는 조건을 찾는 TCS 문제에서의 투과 공진 조건(transmission resonance condition), 그리고 세 번째로 FTIR 현상이 발생할 때와 물리적인 상황이 거의 동일하도록 설계되는 NSOM(near-field scanning optical microscopy)과 PSTM(photon scanning turnneling microscopy)의 동작(실제 사물을 디스플레이상에 영상으로 나타내는 과정, imaging process) 원리, 이 세 가지 범주의 문제에 공통적으로 내포되어 있는 물리학 내용을 다루어 봄으로써 독자들이 다양한 물리 현상에 대하여 보다 종합적인 견해를 가질 수 있도록 전체 내용을 전개하였다. 학제 간 장벽을 기꺼이 넘나드는 자세야말로 학문을 해 나가는 데 있어서의 경쟁력이 아닐까? 아무쪼록 독자들께 흥미로운 읽을거리가 되기를 바란다.

2012년 8월 31일
앞산이 바라다보이는 IT대학 1호관 901호 연구실에서

서 론

이 책에서는 소형 평면형 안테나, 두께가 있는 도체 스크린에 있는 좁은 슬릿구조, 근접장 주사 광학 현미경(near-field scanning optical microscopy) 탐침(probe)이 갖는 세 가지 구조의 전자기적 결합 현상의 근본 원리에 관한 물리적인 내용을 다루어 보았다. 아울러 이러한 세 가지 구조가 갖는 동작 원리의 유사성을 밝히는 데 주안점을 두었다.

이 책의 내용은 네 부분으로 구성된다. 첫 번째 부분에서는 앞서 이야기한 세 가지 구조가 갖는 결합 체계와 동작 원리 사이의 유사성 및 상호연관성을 소개하였다. 두 번째 부분에서는 마이크로스트립 안테나 분야에서 대표적으로 사용되는 두 가지 형태의 안테나 구조, 즉 개구 결합형 마이크로스트립 안테나(aperture coupled microstrip antenna)와 근접 결합형 마이크로스트립 안테나(proximity coupled microstrip antenna)의 복사 문제를 2차원 문제의 근사적인 모델에 해당하는 평행 평판 도파관의 윗면에 있는 좁은 슬릿과 (반무한의) 넓은 슬릿을 통한 인접한 도체 스트립 구조와의 전자기적 결합문제로서 단순화하여 다루어 보았다. 특히 임피던스 정합의 관점에서 상세한 논의를 하였는데 전자기적인 결합 현상을 다루는 데 있어서 두 가지의 대표적인 형태, 즉 공진기 결합형태(cavity type)와 기생소자 형태(parasitic type)로 나누어 설명하였다. 또 이러한 전자기적 결합 현상이, 개구 주위에 플랜지가 있는 평행 평판 도파관(flanged PPW-parallel plate waveguide)의 개구와 개구 근처에 위치한 도체 스트립 간의 전자기적 결합 현상에서도 관찰될 수 있음을 논의하였다. 세 번째 부분에서는 두께가 있는 도체 스크린 상의 좁은 슬릿에서 관찰되는 투과 공진 현상을 다루어 보았다. 슬릿의 폭이 0에 가깝도록 좁아지는 경우에 도체 스크린의 두께가 입사파 파장의 절반의 정수배에 해당하는 길이를 가질 때 슬릿은 공진하게 되며, 이러한 경우에 슬릿으로 입사하는 전자파 에너지가 최대로 투과된다. 이러한 현상은 제2장에서 논의한 캐비티 형태의 결합 구조에서 발생하게 되는 전자파 에너지의 최대 방사 현상과 본질적으로 같다. 이러한 논의와 더불어 소형 격자 구조에 의한 투과 공진 현상도 살펴본다. 마지막 부분에서는 근접장 광학 현미경의 탐침 구조를 설계하는 데 기본 원리에 해당하는 FTIR (frustrated total internal reflection) 현상을 소개한다. 탐침 혹은 샘플과 같은 산란체가 전반사 현상에 의하여 생성된 에바네슨트 장(evanescent field) 안으로 들어오면 그 전자계는 교란된다. 이러한 전자계가 교란되는 정도를 감지함으로써 사물의 영상을 얻을 수 있다. 이러한 경우에 산란체는 제2장에서 논의한 기생 형태의 결합 구조에서의 근접 도체 스트립과 유사한 역할을 한다.

이러한 맥락에서, 이 책에서는 소형 복사체의 임피던스 정합 개념과 근접장 광학 현미경의 탐침 구조가 갖는 모드 변환(에바네슨트 파에서 진행파로의 변환) 개념을 비교, 설명할 것이다. 끝으로 이 책이 앞에서 논의한 3가지 구조, 즉 소형 평면형 안테나의 복사 및 임피던스 정합 문제, 두께가 있는 도체 스크린의 좁은 슬릿을 통한 전자파 에너지의 투과 현상, 그리고 근접장 주사 광학 현미경 분야에서의 탐침(probe)의 동작 원리와 상호연관성에 대해 이해하는 데 유익한 자료가 되기를 바란다.

목차

전자기적 결합electromagnetic coupling 현상의 개관

제1장

1. 세 가지 소주제를 구성하는 소형 평면형 안테나 구조, 두께가 있는 도파관에의 좁은 슬릿을 통한 투과 공진 구조 그리고 근접장 주사 광학 현미경 구조의 전자기적 결합의 상호 관련 내용에 대한 간략한 기술

참고 자료

1. 세 가지 소주제를 구성하는 소형 평면형 안테나 구조, 두께가 있는 도파관에의 좁은 슬릿을 통한 투과 공진 구조 그리고 근접장 주사 광학 현미경 구조의 전자기적 결합의 상호 관련 내용에 대한 간략한 기술

이번 장에서는 본 저서의 제2, 3, 4장에서 각각 다루게 될 세 가지 구조의 전자기 결합 현상 전반을 간략히 요약한다. 그림 1-1(a)에서와 같이, 도체 평판에 있는 개구를 통하여 분리된 두 영역, 즉 왼쪽 반 공간과 오른쪽 반 공간 사이의 전자기 결합 현상은 오랫동안 흥미로운 연구 주제였다. 단일 슬릿의 회절 문제는 이러한 범주에 속하는 가장 오래된 연구 주제로서 현재 대학교 1학년 물리학(참고 자료 [1] 참조) 수업에서 다루어지고 있다. 그림 1-1은 단일 슬릿의 회절 문제를 보여 주는 것으로서 회절 패턴은 슬릿의 폭(width)에 따라 달라진다. 잘 알려진 것처럼 개구에 존재하는 전자계 분포와 관찰점에서 생성된 전자계 분포가 Fourier 변환 관계에 있다. 그림 1-1(b)에서와 같이 슬릿의 폭이 넓어질수록 회절에 의해 생성된 첫 번째 빔폭(beam width)이 좁아진다. 이러한 현상은 슬릿의 폭이 입사파 파장보다 커질수록 분명해진다.

반면에 슬릿의 폭이 입사파 파장에 비해 매우 작은 경우에는 전혀 다른 현상이 나타난다. 이를 해석하기 위해서 적분 방정식(참고 자료 [2], [3] 참조)을 이용한 방법이 사용된다. 먼저 슬릿 면(plane)에 미지의 자계 전류를 가정하고, 경계조건을 적용하여 적분 방정식을 세운 후에 MOM(method of moment)과 같은 수치해석을 통하여 푼다. 다음으로 슬릿을 통한 투과 계수와 방사 패턴과 같은 값을 얻어 낼 수 있다.

폭이 매우 좁은 슬릿 구조는 소멸파(evanescent mode)에 의해 슬릿 근처에 축적되는 에너지가 매우 크게 되는 반면, 슬릿을 통해 반대쪽 영역 즉 오른쪽($z > 0$인) 영역으로 투과되는 전력은 매우 작게 된다.

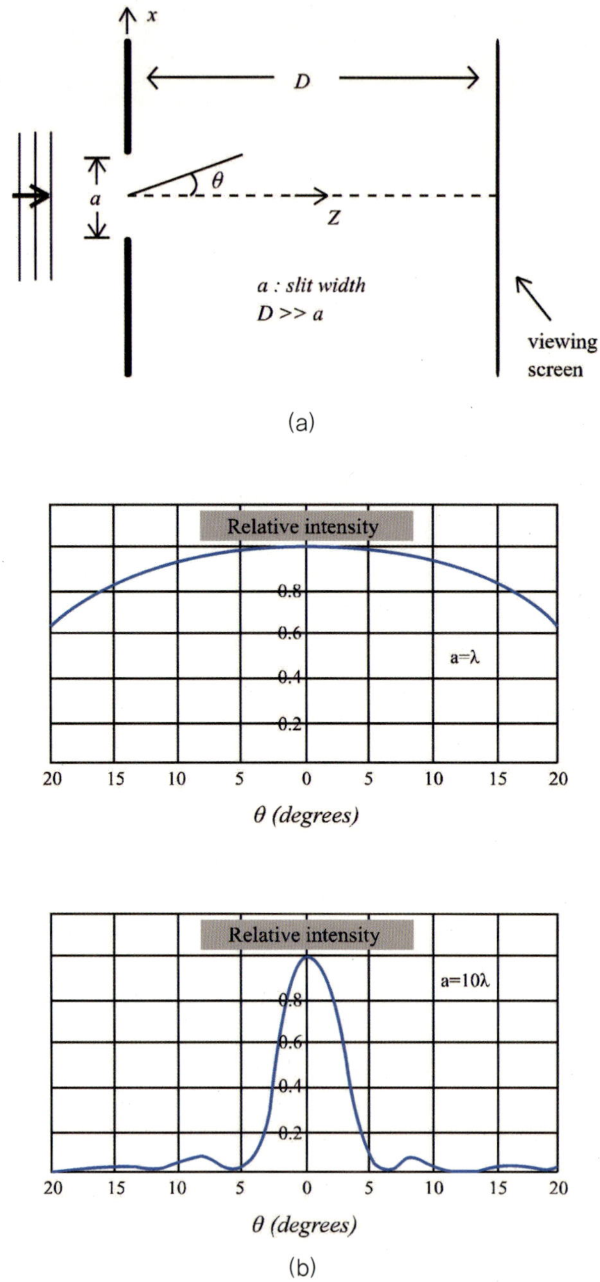

그림 1-1. 단일 슬릿 문제와 슬릿 폭(a/λ)이 다른 경우의 회절상

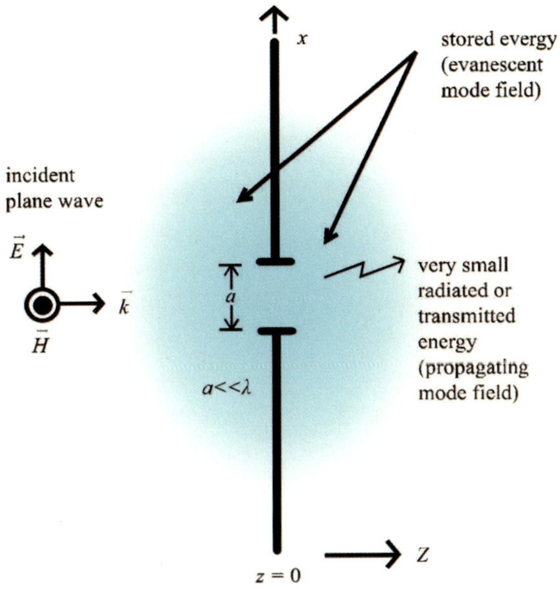

(a) 좁은 슬릿 문제

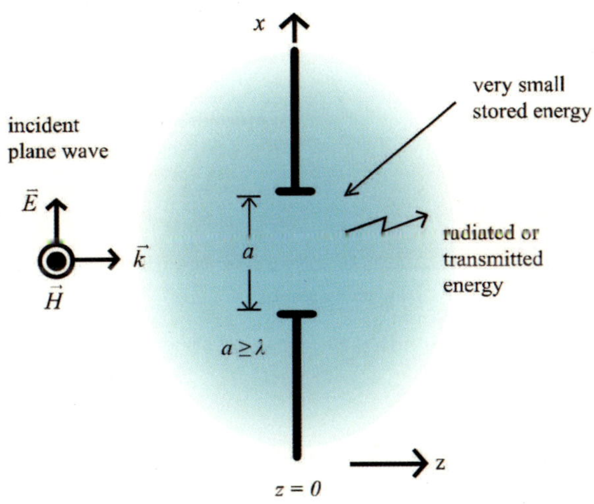

(b) 넓은 슬릿 문제

그림 1-2. 평면파(plane wave)가 입사하는 경우의 좁은 슬릿($a \ll \lambda$)과 넓은 슬릿($a > \lambda$) 문제 비교

넓은 슬릿의 경우에 슬릿의 왼쪽 영역에서 슬릿 영역으로 입사한 대부분의 전력은 슬릿을 통해 투과된다. 반면에 슬릿 근처에 축적되는 무효 전력(reactive energy)은 그림 1-2(b)에서와 같이 매우 적다. 이러한 이유 때문에 슬릿 면에 형성되는 전자계를 입사 전자계와 동일하게 보는 Kirchoff-Huygens 방법과 같은 근사(참고 자료 [4] 참조)가 이와 같은 회절 문제를 해석하는데 널리 사용된다. 이를 POA(physical optics approximation)(참고 자료 [4] 참조)라고도 한다.

이러한 단일 슬릿 문제에서 슬릿으로 나누어진 두 영역 중의 한 영역, 예를 들어 그림 1-1의 구조의 왼쪽 영역을 아래 그림 1-3과 같이 평행 평판 도파관 구조로 대체하여도 슬릿의 폭에 따라 축적 에너지와 복사 에너지의 비가 앞에서의 논의와 유사한 경향을 갖고 변화하게 된다. 물론 이러한 경우, 도파관의 높이 h가 적어도 파장과 비교할 만하거나 커야 한다. 그림 1-3은 TEM(transverse electromagnetic) 모드가 전송되는 PPW(parallel plate waveguide) 구조의 윗면에 폭이 a인 슬릿이 있는 경우이다.

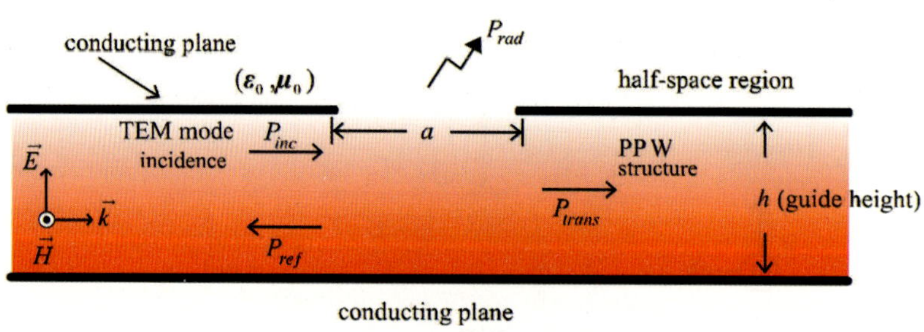

그림 1-3. 도파 구조로부터 자유공간으로의 슬릿을 통한 전자기 결합 구조

도파관의 높이 h가 파장에 비교할 만하거나 파장보다 크게 되면, 즉 $h \geq \lambda$인 경우에는 슬릿에서 반사 전력 P_{ref}은 매우 작게 되고, 도파관을 따라 왼쪽으로부터 입사한 입사 전력 P_{inc}는 슬릿을 통하여 도파관 위쪽 공간으로 복사(P_{rad}에 해당)하거나 슬릿 영역을 지나 오른쪽 도파관 영역으로 투과(P_{trans}에 해당)하게 되어 근사적으로 $P_{inc} \cong P_{rad} + P_{trans}$의 등식이 성립하게 된다. 물론 슬릿 폭 a가 증가함에 따라

복사 전력 P_{rad}가 오른쪽으로 투과되는 투과 전력 P_{trans}보다 증가하게 된다(참고 자료 [5] 참조).

반면에 도파관의 높이 h가 파장 λ에 비하여 매우 작게 되면, 즉 $h \ll \lambda$이면 물리적인 상황이 현저하게 달라진다. 즉 대부분의 입사파(P_{inc}의 대부분)가 슬릿에서 반사하게 되어, 슬릿을 통하여 복사되는 전력 P_{rad}과 오른쪽 도파관으로 투과되는 전력 P_{trans}이 매우 작게 되어 이 두 전력의 합($P_{rad}+P_{trans}$)이 무시할 만하게 된다. 다시 표현하면, $h \ll \lambda$인 경우에는 슬릿 폭 a가 매우 작은 경우라도 선로(또는 회로)가 끊어진 상태, 즉 개방회로(open circuit) 상태가 되는 것이다. 이러한 물리적 상황은 마이크로 스트립 안테나 이론에서 널리 쓰이는 공진기 모델(cavity model)의 가장자리를 따라 자계 벽(magnetic wall)으로 둘러싸여 있다고 가정하는 것과 본질적으로 동일하다. 도파관의 높이가 파장에 비하여 매우 작을 때, 좁은 슬릿이 자계 벽으로 근사적으로 표현될 수 있다는 사실은 플랜지가 있는 평행 평판 도파관(FPPW)의 경우에도 그대로 적용된다. 지금까지 논의에 입각하여 $h \ll \lambda$인 경우에는 마이크로 스트립 경우에 해당된다고 하고 $h \geq \lambda$인 경우는 도파관 경우에 해당된다고 말할 수 있다. 지금까지 논의한 세 가지 경우, 즉 h가 작은 경우(마이크로 스트립의 경우)에 좁은 슬릿과 넓은 슬릿 각각의 경우와 플랜지된 평행 평판 도파관의 경우를 등가회로로 표현하면 아래 그림 1-4와 같이 주어진다(참고 자료 [6] 참조). 그림 1-4(c)와 같이 $z=0$의 슬릿 외부 영역에 도체 평판을 놓은 구조를 플랜지된(또는 플랜지가 있는) 평행 평판 도파관으로 표현하고 있음을 기억하라.

그림 1-4에 나타난 각각의 구조는 개방회로(open circuit)처럼 동작하는 슬릿을 갖는데, 이러한 슬릿의 바깥쪽 영역 근처에 소멸파(evanescent) 성분을 갖는 무효 전력(stored energy)이 대부분 집중된다. 슬릿과 같은 불연속 지점에 형성된 고차 모드(higher order mode)는 이 불연속 지점에서 도파관을 따라 멀어질수록 그 크기가 급격히 지수 함수적으로 감쇄한다. 그림 1-4의 각 구조와 등가회로에 대한 상세한 논의는 본문을 참조하라.

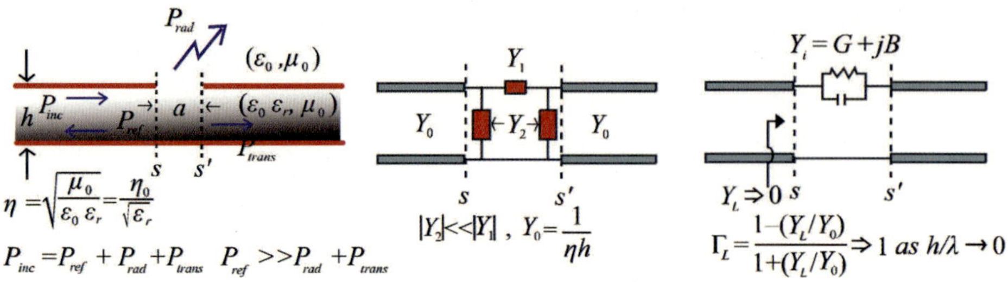

(a) 좁은 슬릿 문제($a \ll \lambda$)

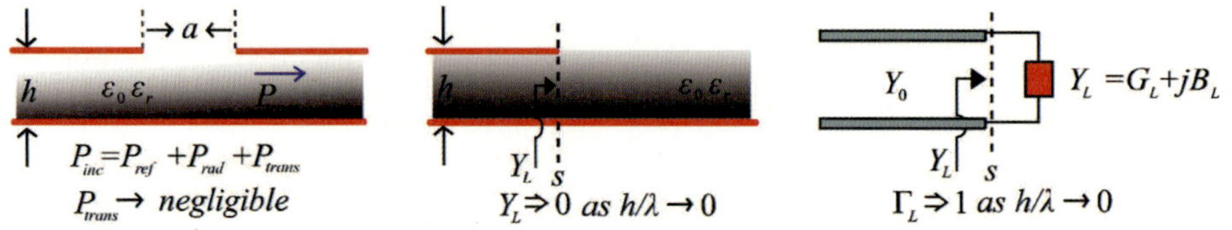

(b) 넓은 슬릿 문제($a \geq \lambda$)

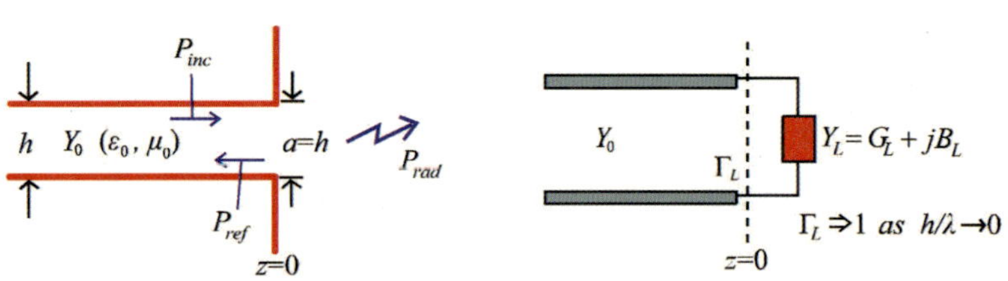

(c) 플랜지된 평행 평판 도파관 구조

그림 1-4. 개방회로($h \ll \lambda$)처럼 동작하는 슬릿을 갖는 세 가지 구조와 그 등가회로

앞에서 논의한 슬릿 문제에 복잡도가 추가되고 물리적으로 좀 더 깊이 있는 내용의 문제들이 등장하기 시작하면서 그림 1-5에 도시된 ABR(aperture body resonance) (참고 자료 [7] 참조) 문제는 전자기학 분야에서 오랫동안 연구자들의 관심을 끄는 흥미로운 문제로 자리 잡게 되었다.

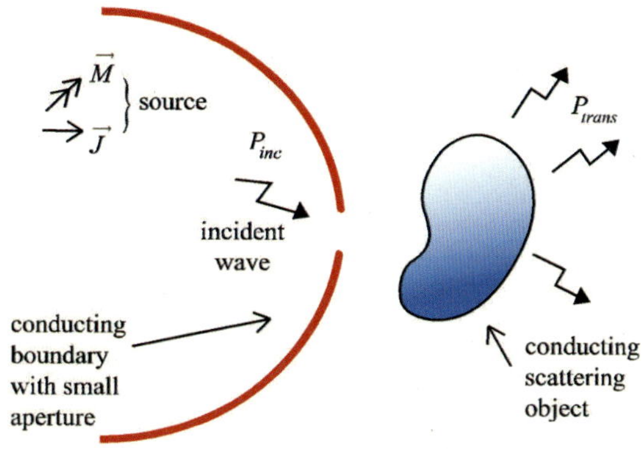

(a) 일반적인 ABR 문제

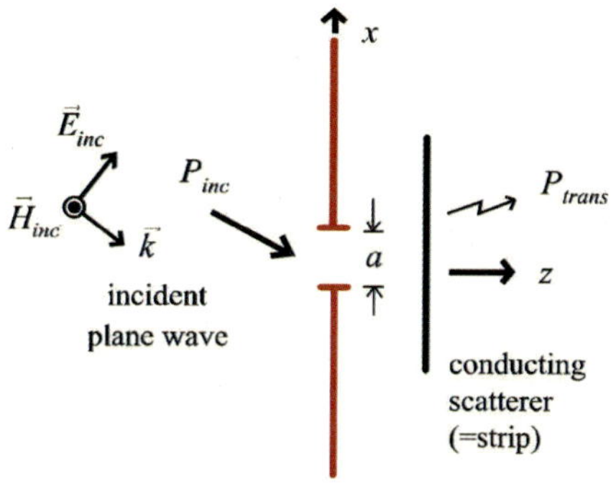

(b) 2차원 문제로 단순화된 ABR 문제

그림 1-5. ABR 문제

이러한 문제의 주된 연구 관심사는 전자파가 최대로 투과되는 조건을 찾는 것이다. 개구 근처에 산란체가 없고, $a \ll \lambda$인 경우에 슬릿을 통하여 도체 평판의 오른쪽 영역으로 투과되는 전력은 매우 작다. 반면에 슬릿 근처에 무효 전력(reactive energy)이 많이 축적되어 있다. 만약에 슬릿 근처에 어떤 산란체가 도입되면 도체 평판의 오른쪽 영역으로 투과되는 전력(P_{rad})이 현저히 증가하고, 따라서 P_{trans}/P_{inc}의 비율이 최대가 될 수 있다. 본 저서에서는 P_{trans}/P_{inc}의 비율이 최대가 되는 조건에서 관찰되는 최대 투과현상을 등가회로적인 표현을 통하여 설명하고자 한다. 그림 1-6에 단순한 슬릿 문제에 인접 산란체(여기에서는 도체 스트립)가 없을 때와 있을 때 등가회로적 표현에서의 차이점이 도시되어 있다. 그림에서 인접(근접) 산란체가 있을 때 공액 복소

수 관계에 의한 일종의 임피던스 정합이 이루어지고 있음을 주목하라. 그림에서 슬릿 폭 a을 나타내고자 슬릿 양 끝에 표시되어 있는 그림은 과장되어 있음에 유의하자.

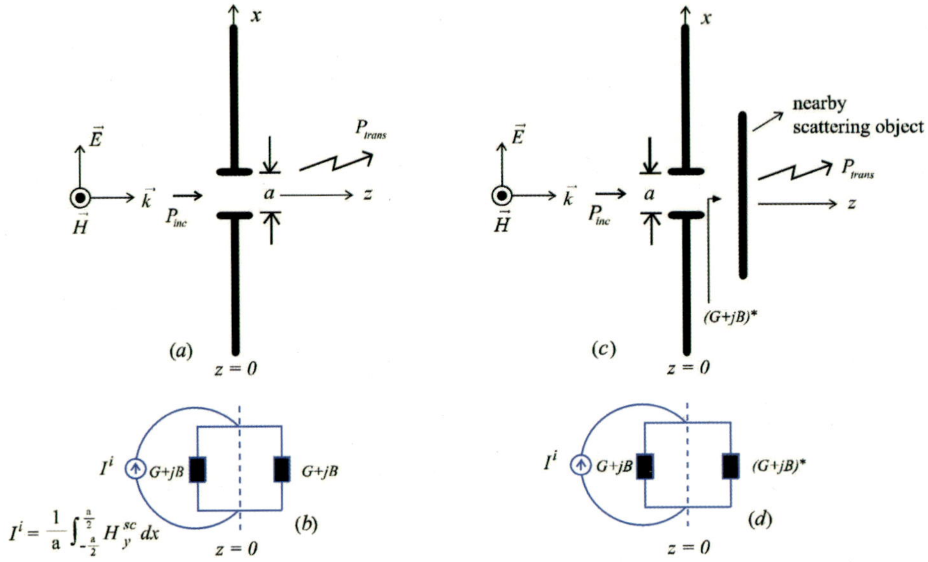

(a) 근접 산란체가 없는 경우에 슬릿을 통한 전자기 결합 문제 (b) (a) 경우의 등가회로
(c) 근접 산란체가 도입된 경우에 슬릿을 통한 전자기 결합 문제 (d) (c) 경우의 등가회로

그림 1-6. 근접 산란제의 유무에 따른 슬릿을 통한 전자기 결합 문제 비교

다음으로 고려할 구조는 그림 1-6(c)에 나타난 도체 평판 왼쪽에 있는 자유 반 공간 영역을 그림 1-7(b)와 같이 도파 구조로 대치한 것이다. 이는 입사 평면파(incident plane wave)를 입사 도파 모드(incident guided mode)로 대체한 구조로서 그림 1-5에서 다룬 단순한 형태의 ABR 문제보다, 급전 회로부가 추가되어, 복잡도가 추가된 ABR 문제에 해당된다. 도체 평판 왼쪽에 있는 자유공간 영역을 도파 구조로 바꿀 때에는 두 가지 방법을 생각할 수 있다. 그림 1-7에 나타난 두 가지 구조가 그것이다. 그림 1-7(b), (c)에 나타난 것처럼 FPPW(flanged parallel plate waveguide) 구조나 윗면에 슬릿을 가진 평행 평판 도파관 구조를 선택할 수 있다. 그림 1-7(b), (c)에 도시된 바와 같이 ABR 문제(그림 1-5의 단순한 문제)에서 도체 평판의 왼쪽에 있는 자유공간 영역이 FPPW 구조로 바뀌거나 아예 전체 구조가 윗면에 슬릿을 가진 평행 평판 도파관

구조(참고 자료 [8] 참조)로 대체되면, ABR 문제는 안테나 급전 구조의 임피던스 정합 문제(또는 최대 결합)로 변환된다.

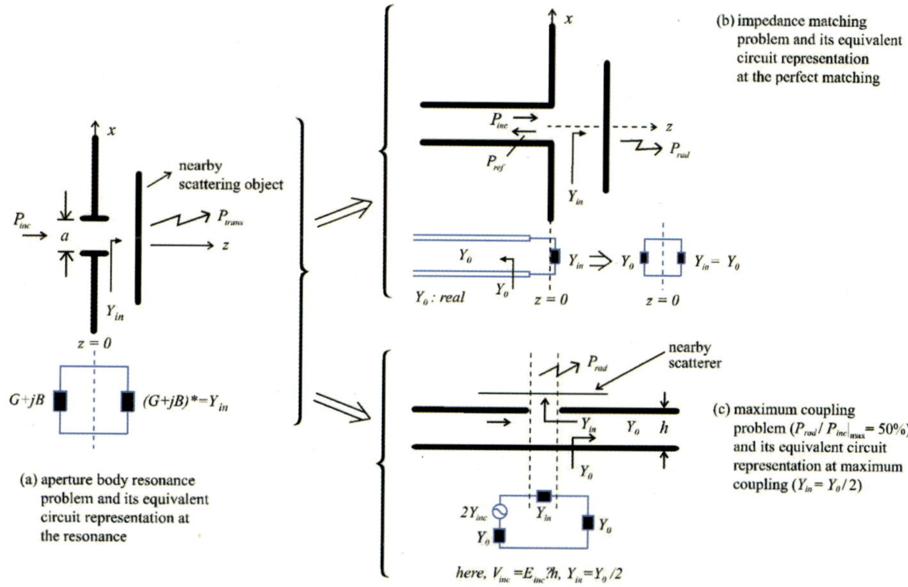

(a) ABR(aperture body resonance) 문제에서의 구조가 공진될 때, 그 등가회로

(b) 임피던스 정합 문제에서의 구조가 완전 정합될 때, 그 등가회로

(c) 최대 전자기 결합 문제에서 최대의 결합이 발생할 때, 그 등가회로

그림 1-7. ABR(aperture body resonance) 문제와 임피던스 정합 문제

그림 1-7(c)에서 알 수 있듯이 슬릿에서 위쪽으로 바라다본 입력 어드미턴스(input admittance) Y_{in}이 $Y_{in} = Y_0/2$이라는 조건을 만족할 때 입사파 전력 P_{inc}의 50%(참고 자료 [9] 참조)가 슬릿을 통하여 복사될 수 있는데 이것이 1-7(c) 구조에서 가능한 최대의 복사효율이다. 위의 등가회로(그림 1-7)에서 왼쪽과 오른쪽의 Y_0는 평행 평판 도파관의 왼쪽과 오른쪽으로(슬릿으로부터) 바라다본 특성 어드미턴스를 의미하고 $2V_{inc}$는 Thevenin 등가 전원을 의미한다. 그림 1-7(c)에 나타난 구조를 그림 1-8(a)와 (c)에 도시된 두 구조로 변형하여 임피던스 정합 효율이 100%가 되는 두 가지의 새로운 구조를 만들 수 있다. 그림 1-8(a)에 도시된 구조는 개구 결합 마이크로 스트립 안테나

(aperture coupled microstrip antenna)의 단순화된 구조이고, 그림 1-8(c)에 도시된 구조는 근접 결합 마이크로 스트립 안테나(proximity coupled microstrip antenna)의 단순화된 구조이다. 참고로 마이크로 스트립 안테나 기술 분야에서 널리 쓰이는 개구 결합 마이크로 스트립 안테나와 근접 결합 마이크로 스트립 안테나의 실질적인 구조가 그림 1-8(b)와 1-8(d)에 각각 도시되어 있다. 이 두 가지 구조는 마이크로 스트립 구조를 이용한 패치 안테나 설계 분야에서 가장 주목을 받았던 것으로서 전체 구조를 급전해 주는 슬릿과 근접 산란체를 이용하여 전자기 결합을 발생시키고 원하는 복사 전력을 100%까지 복사하게 할 수 있다(참고 자료 [10] 참조). 또한 본 구조는 공진기형 복사 구조 또는 기생형 복사 구조로 변형하여 전자파의 복사 특성을 다르게 할 수 있다.

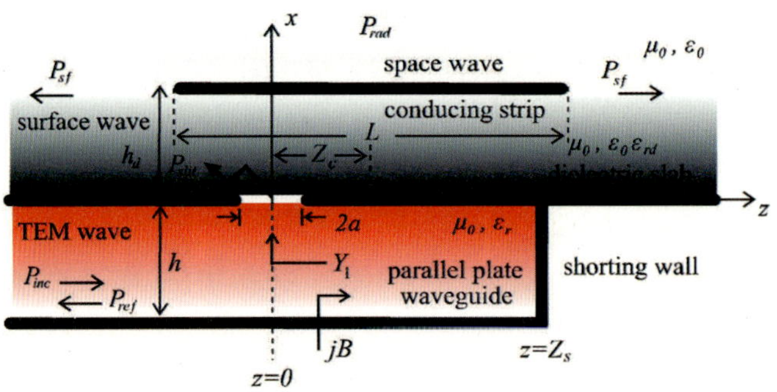

(a) 개구 결합 안테나의 단순화 모델

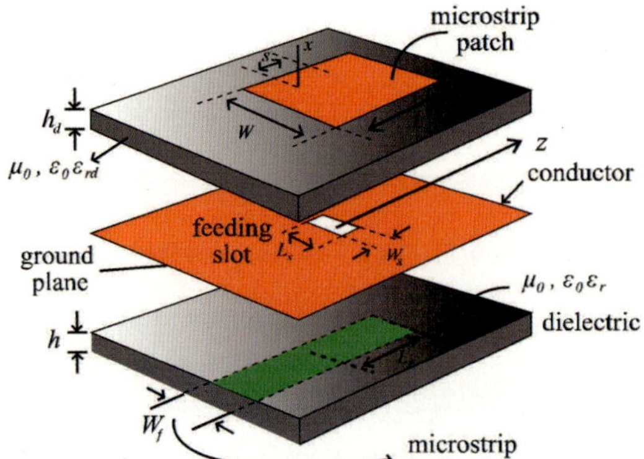

(b) 개구 결합 안테나

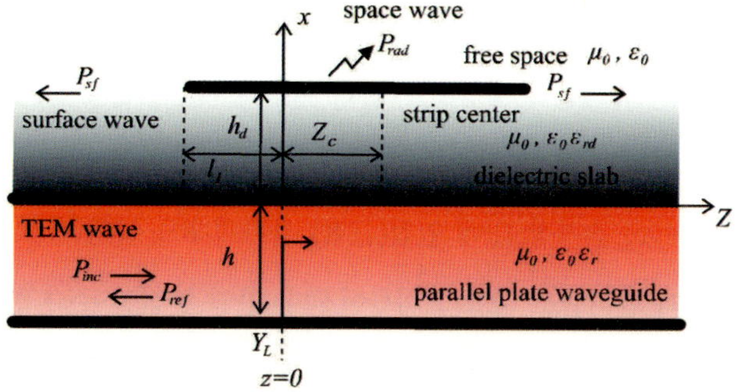

(c) 근접 결합 안테나의 단순화 모델

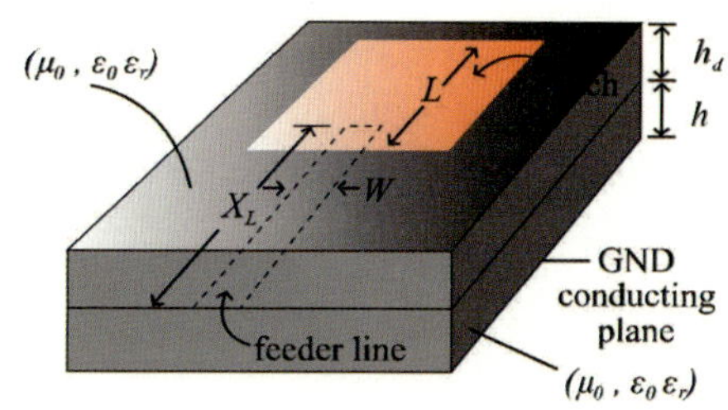

(d) 근접 결합 안테나

그림 1-8. 평면형 안테나의 대표적인 두 가지 구조

지금까지 논의한 내용을 정리하면 다음과 같다. 파장에 비하여 도파 구조 횡단면의 물리적인 크기(즉 도파 구조의 높이)가 매우 작은 경우에는 도파 구조의 위쪽 벽면(waveguide wall)에 슬릿 구조를 만들어서, 도파관 내의 전자파 에너지가 슬릿을 통하여 효과적인 복사가 이루어지도록 하기가 어렵다. 이때 스트립과 같은 도체 산란체를 슬릿 근처에 놓아 줌으로써 전자파를 잘 복사하게 할 수 있는 세 가지 구조를 살펴보았다. 그러한 세 가지 구조를 그림 1-9(a)에 다시 한 번 더 도시하였는데 여기서 주목해야 할 것은 인접한 산란체(nearby scatterer)와 급전부 간의 간격을 조정하여, 즉 간격을 작게 하거나 또는 상대적으로 크게 조정해 줌으로써, 임피던스 정합 상태는 유지하면서 복사 패턴과 대역 폭을 변화시킬 수 있다는 것이다. 인접한 산란체와 급전부 간의 간격이 좁은 경우는 공진형 복사에 해당되고, 그 간격이 상대적으로 큰 경우는 기생형 복사에

해당된다. 위의 세 가지 구조를 모두 포함할 수 있도록 상징적으로 도시하면 그림 1-9(b)로서 표현할 수 있는데 이 그림은 근접장 현미경의 탐침과 피측정물체 간의 상호작용(또는 상호결합) 문제로 표현할 수도 있다. 즉 ABR 문제에서 급전부(슬릿을 포함한 구조) 근처의 리액티브(reactive) 전자장 내에 인접(근접) 산란체가 놓이게 됨으로써 복사 전력이 변화(증가)하게 되어 임피던스 정합이 이루어진다. 반면 근접장 주사 현미경의 경우에는 탐침 주위(근처)의 근접장 내에 피측정 물체(영상을 얻고자 하는)가 놓이게 되면 탐침 내부에서 반사파 전력이 변화되고 이러한 반사파 전력의 변화를 감지하여 원하는 영상을 얻게 된다. 따라서 리액티브(reactive) 전자장 내에 인접 산란체가 놓일 때 급전회로부 내에서 입사파 전력을 최대로 만들어 주거나(ABR 문제의 경우) 또는 반사파 전력의 변화를 감지하여(NSOM 문제의 경우) 원하는 영상을 얻는다는 의미에서 ABR 문제와 NSOM 문제의 근본적인 동작 원리는 동일하다고 볼 수 있다.

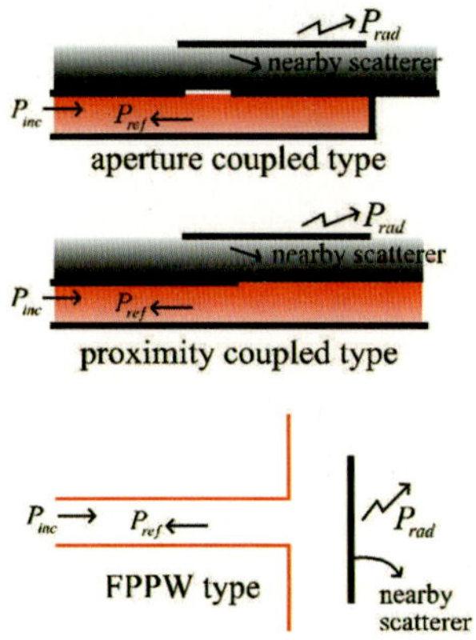

(a) 임피던스 정합이 달성되는 세 가지 구조

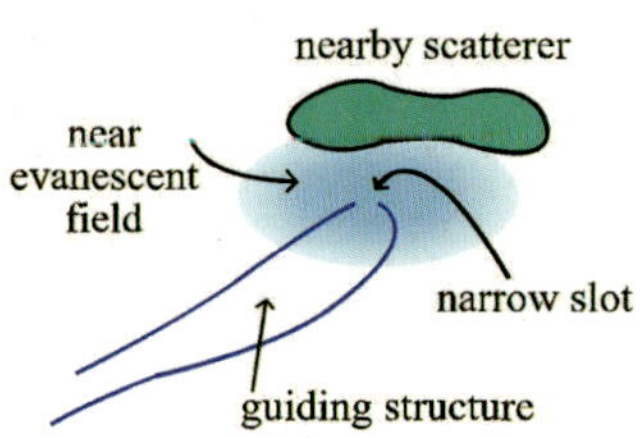

(b) 일반화 모델

그림 1-9. 세 구조의 일반화 모델

뒤에 나오는 본론에서 더욱 명확해지겠지만 그림 1-9(b)에 도시되어 있는 물리적인 상황은 NSOM(near-field scanning optical microscopy) 분야에서 널리 사용되고 있는 FTIR(frustrated total internal reflection) 현상과 유사하다. TIR 현상에 의하여 소멸 모드가 생성된 영역에 산란체가 도입되면 산란체가 없는 경우에 전반사되었던 입사 전자파가

그림 1-10에서와 같이 유전체와 공기의 경계면($x=0$인 면)을 넘어 자유공간으로 결합된다. 즉 광학적으로 밀한 영역에서 소한 영역으로 에너지가 빠져나갈 수 있게 된다. 그림 1-11(a)에 나타난 도파 구조에서는 공기와 유전체의 경계면에서 TIR(total internal reflection) 현상이 반복적으로 일어나면서 왼쪽에서 입사된 입사 전력이 진행 방향, 즉 z축을 따라 전파하게 된다. 도파 구조의 횡단면(xy평면) 상에서 전계의 y축 성분이 $x=0$에 대하여 기함수 형태인 반대칭적(anti-symmetrical) 분포를 갖는 기모드(odd mode)의 경우에 $x=0$인 면에 도체 평판(그림 1-11(b)에 그려진 두꺼운 선)을 도입해도 도파 구조에 존재하는 전자계 분포에는 영향이 없다. 이러한 형태로 만들어진 그림 1-11(b)의 도파 구조는 접지된 유전체 슬랩(grounded dielectric slab) 도파 구조가 된다.

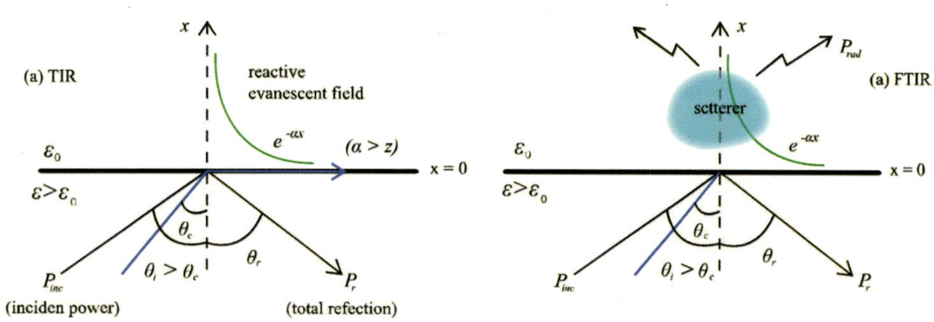

그림 1-10. TIR 현상과 FTIR 현상

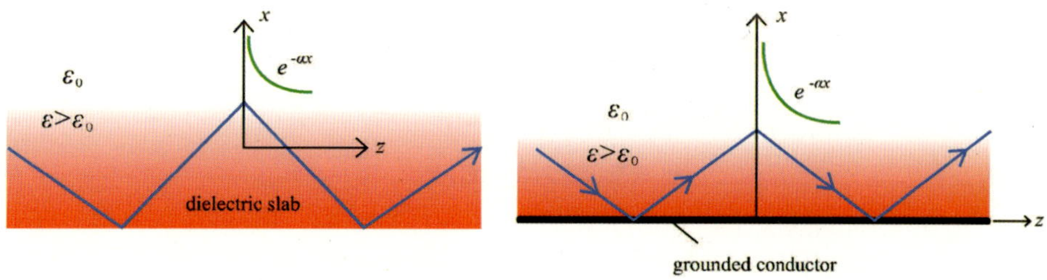

(a) 유전체 슬랩(slab) 도파로 구조

(b) 접지된 유전체 슬랩 도파로 구조

그림 1-11. 유전체 슬랩 도파로와 접지된 유전체 도파로에서의 표면파 모드

잘 알려진 것처럼 프리즘(prism)(참고 자료 [11] 참조)이나 격자 결합기(grating coupler)는 그림 1-12에서와 같이 도파 구조 내부와 외부를 전자기적으로 결합하여 도파 에너지를 도파 구조 외부로 끄집어내거나 이와 반대로 도파 구조 외부에서 도파 구조로 에너지를 넣을 때 사용하는 구조들이다.

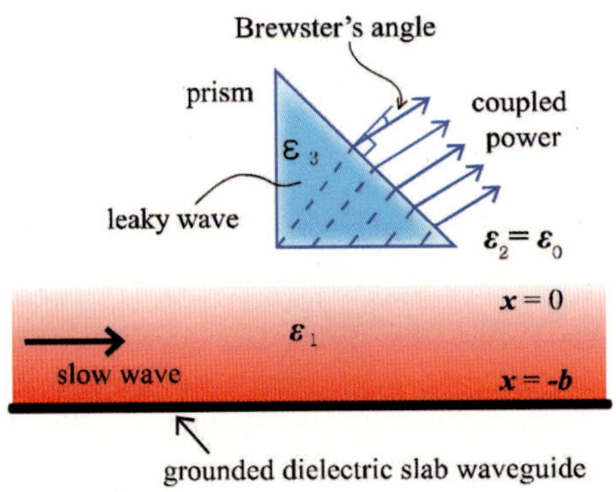

(a) 프리즘에 의한 결합

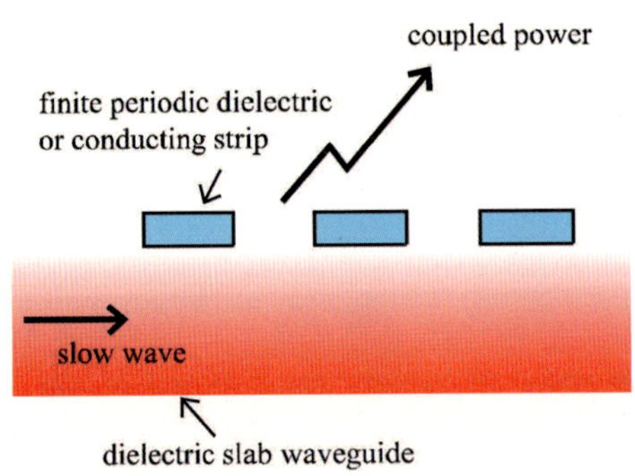

(b) 격자 결합기에 의한 결합

그림 1-12. 도파로 구조를 따라 진행하는 표면파와 프리즘이나 격자 결합기를 이용한 도파 구조 외부로의 전자기 결합

넓은 의미에서 그림 1-12에 도시되어 있는 두 구조에서 표면파의 일부인 소멸 모드(evanescent field) 안으로 근접 산란체가 도입되면, 도파로 외부로, 원하는 전자기 결합을

얻을 수 있다. 해석의 편의를 위해서 그림 1-12(b)에 나타난 구조를 아래의 구조 그림 1-13(b)로 단순화할 수 있다. 상세한 논의는 본문을 참조하라.

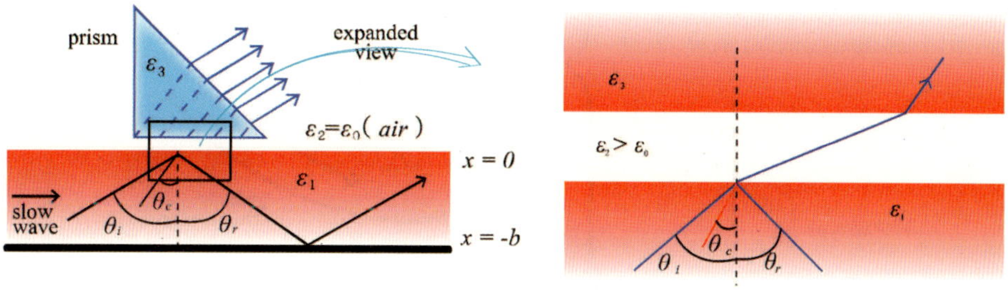

(a) 프리즘 결합

(b) 프리즘 결합의 확대도(프리즘-공기층-아래의 도파관 매질)

그림 1-13. 프리즘의 전자기 결합과 그 단순화 모델

참고로 임피던스 정합과 관련된 세 가지 구조와 그 구조들의 상징적 모델을 그림 1-14(a)에 다시 한 번 더 강조하기 위해 나타내었고, 단순화된 FTIR 구조(참고 자료 [12] 참조)도 비교를 위하여 그림 1-14(b)에 나타내었다.

그림 1-14(a)와 (b)에 나타난 전자기 결합 원리는 소멸 모드 장(evanescent mode field) 안으로 근접 산란체가 들어오게 되면 원하는 전자기 결합이 일어난다는 점에 있어서 모두 같다. 그림 1-14(a)의 세 가지 구조에서 슬릿 근처의 인접한 스트립은 슬릿의 소멸 모드 장 근처에 놓임으로써 슬릿의 복사 효율을 높여 주어 임피던스 매칭이 가능하게 되는 임피던스 매칭 문제가 되고 그림 1-14(b)의 경우에 슬릿 근처에 놓여 있는 산란체에 의하여 탐침 내부에서 반사파 에너지가 상당히 감소하게 되므로 이를 이용하여 이미징(imaging)이 가능하기 때문에 NSOM 분야의 이미징 문제가 된다고 볼 수 있다.

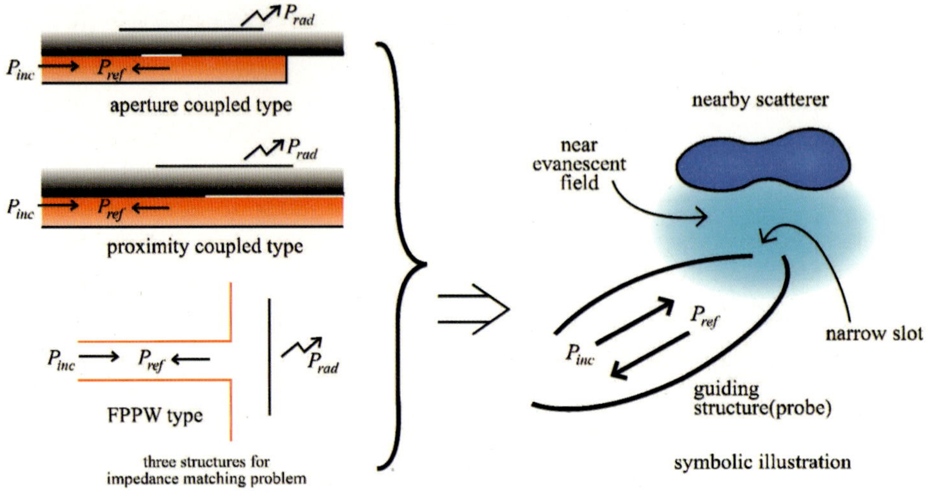

(a) 세 구조와 그 구조들의 상징적 모델

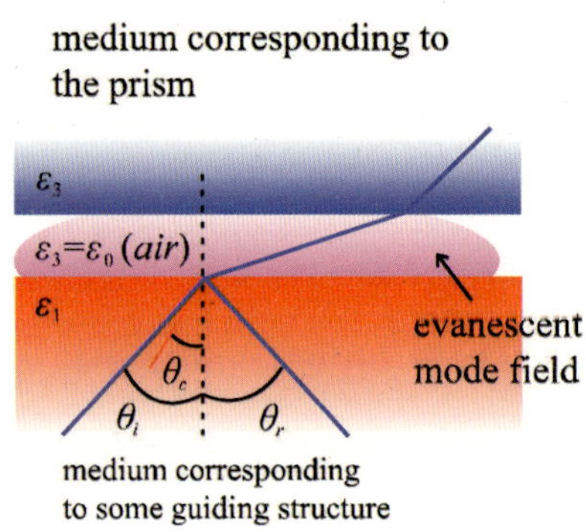

(b) 단순화된 FTIR 구조

그림 1-14. 두 가지 물리적인 상황에 대한 비교

최근에 PSTM(photon scanning tunneling microscopy) 분야에서의 적용이 가능한 광자 격자 도파관 탐침(photonic crystal waveguide probe) (참고 자료 [13] 참조)이 제안되었다. 그림 1-15에 이 구조가 도시되어 있다. PSTM에 적용이 가능한 이 탐침 구조의 동작원리는 지금까지의 논의를 바탕으로 잘 이해될 수 있다. 다 같이 한번 생각해 보자.

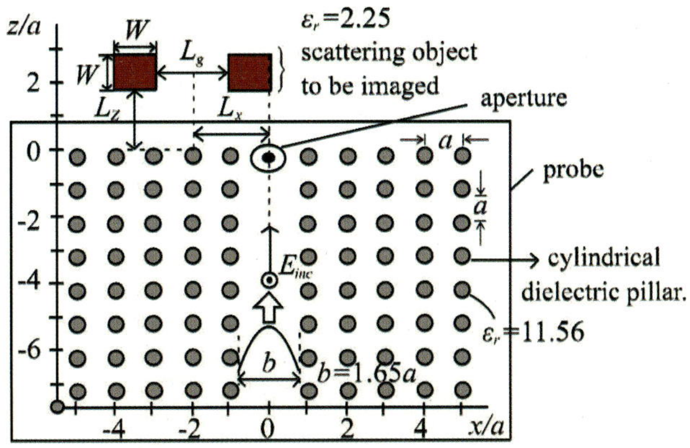

그림 1-15. 광자 결정 도파 구조를 이용한 탐침

그림 1-15는 폭이 $-1.65/2 \le x/a \le 1.65/2$이고 z축 방향으로 뻗어 있는 도파 구조의 끝에 하나의 유전체 원기둥을 둔 구조이다. 그 하나의 유전체 원기둥 근처에 근접 산란체와 상호 작용할 소멸 모드가 형성된다. 다시 말해서 $x=0$인 z축을 따라서 한 열의 유전체 원기둥이 비어 있는 공간이 바로 도파 구조인데 이 도파 구조의 끝 부분에 유전체 원기둥 한 개를 놓았음에 유의하라. 이렇게 하나의 유전체 기둥으로 막혀 있기 때문에 도파 구조 내부의 아랫부분으로부터 입사한 전자파는 막힌 곳으로부터 반사가 크게 일어나 하나의 유전체 기둥이 있는 바깥에는 소멸장이 국부적으로 형성된다. 이 소멸장 속으로 어떤 산란체(영상을 얻고자 하는)가 들어오면 도파 구조 내의 반사계수가 크게 변하는데, 이를 이용하여 이미징(imaging)을 하는 것이다.

최근에 귀금속으로 만들어진, 두께가 있는 도체 스크린에 원통형 구멍(cylindrical hole)을 2차원 격자로 구성하여 빛을 투과시켰더니, 몹시 흥미로운 결과가 관찰(참고자료 [14] 참조)되었다. 실험에 사용된 원통형 홀의 직경은 파장에 비하여 매우 작았으며 격자 구조에서 실제로 천공된(perforated) 구멍들의 전체 면적은 격자 구조의 막힌 부분에 비하여 매우 작았음에도 불구하고 입사파의 상당한 부분이 투과됨을 관찰하였다. 널리 알려진 Hans Bethe의 이론, 즉 좁은 구멍을 통하여 투과될 수 있는 빛의 세기가 매우 작다는 이론에 부합하지 않게 놀라울 정도의 빛이 투과되고 있다는 사실이 확인되면서 이 문제는 EOT(extraordinary optical transmission) 문제로 불리며 엄청난 연구를 촉발시켜 왔다. 이러한 EOT 문제를 처음 보고한 논문은 T. W. Ebbesen, H. J. Lezec, H. F. Ghaemi, T. Thio, and P. A. Wolff, "extraordinary optical transmission through sub-wavelength hole array," *Nature*(London), vol. 391, pp. 667-669, 12 Feb 1998이었으며 이후로 이 문제를 다루기 위하여 단순화된 모델들이 제안되었는데 가장 널리 사용된 모델로서 두께가 있는 도체 스크린에 주기적으로 배열되어 있는 슬릿 구조와 두께가 있는 도체 스크린에 단일 슬릿(single slit) 구조가 집중적으로 연구되어(참고 자료 [15]~[19] 참조) 왔다. 이 책에서는 아래 그림 1-16에 주어진 바와 같이 후자의 경우, 즉 두께가 있는 도체 스크린의 좁은 슬릿을 통한 투과 공진 문제를 논의하고자 한다. 여기에서 주기적인 슬릿 문제가 아니라 단일 슬릿 문제를 선택한 것은 단일 슬릿에 의한 투과 공진 문제의 해석으로도 주기적인 슬릿 문제의 투과 공진 문제의 중요한 내용을 이해할 수 있기 때문이다.

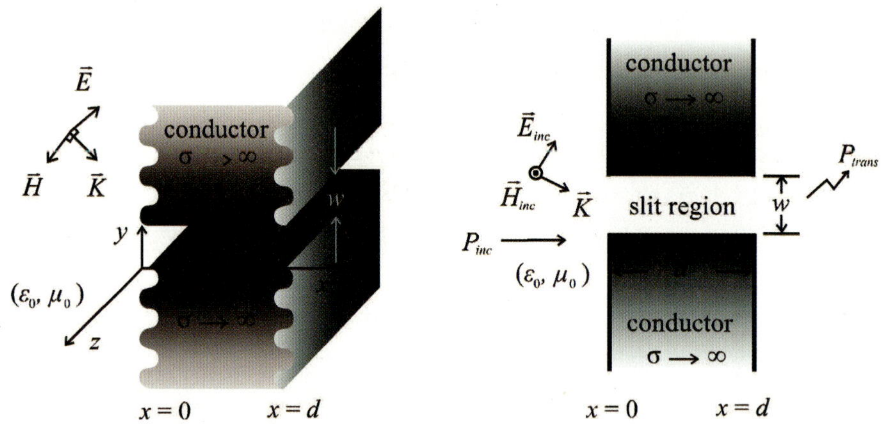

그림 1-16. 두께가 있는 도체 평판에 있는 슬릿을 통한 투과 공진 구조

결론부터 이야기한다면 $w \ll \lambda$인 좁은 슬릿의 경우, 도체 평판의 두께가 대략 입사 전자파 파장(λ)의 반의 정수배에 해당되는 값에서 투과 전력이 최대가 된다. 그림 1-17은 두께가 있는 도체 평판에 있는 슬릿을 통한 투과 공진 구조의 등가회로(참고 자료 [17] 참조)이다.

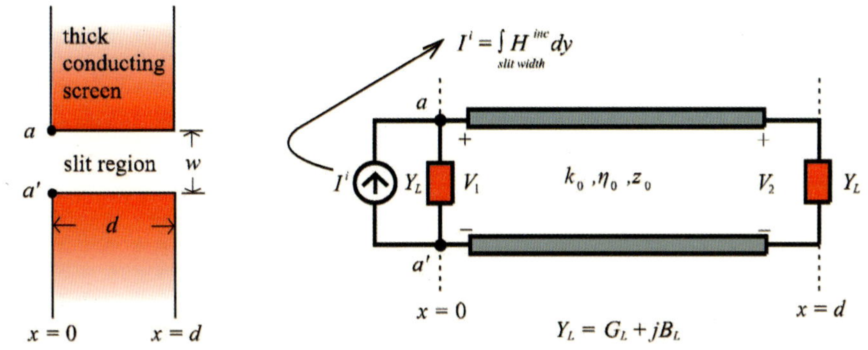

그림 1-17. 두께가 있는 슬릿을 통한 투과 공진 구조의 등가회로

흥미로운 사실은 슬릿을 통하여 최대의 투과 공진 현상이 발생할 때 그림 1-18 왼쪽 그림에 주어진 단자 $a-a'$에서 오른쪽으로 바라다본 어드미턴스(Y_t)가 $2G$가 된다는 점이다. 이는 두께가 없는 도체 평판의 슬릿과 근접 산란체로 구성된 구조가 공진될 때 슬릿에서 바라다본 어드미턴스 값 $2G$와 같다. 즉 두 구조의 공진 시 슬릿에서 바라다본 전체 입력 어드미턴스(input admittance)가(예를 들어 $a-a'$ 단자에서 왼쪽과 오른쪽 모두를 바라다본) $2G_L$(여기에서 $2G_L = Re\{Y_L\}$)로서 서로 동일하다는 것이다. 여기서 G_L은 슬롯에서 반 공간(왼쪽 반 공간이든 오른쪽 반 공간이든 상관없이)으로 바라다본 어드미턴스 $Y_L(G_L+jB_L)$의 실수부로서 반 공간에 해당되는 복사 컨덕턴스를 의미한다.

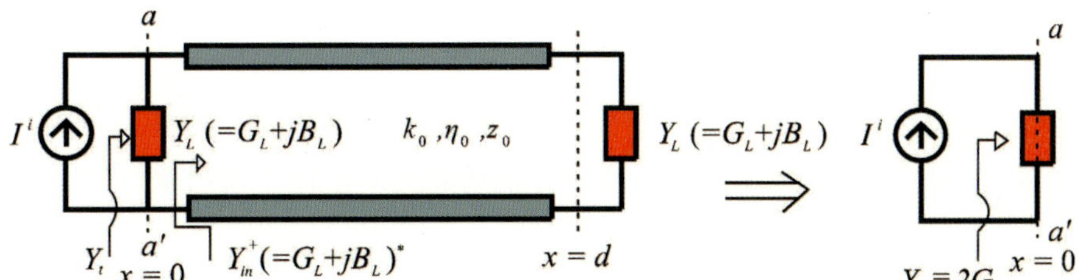

그림 1-18. 투과 공진 조건에서 등가 입력 어드미턴스($Y_t = 2G_L$)

결과적으로 이와 같은 투과 공진 문제는 ABR(aperture body resonance) 문제의 한 형태이다. 본 구조에서 공진이 발생할 때 전체 어드미턴스 값은 ($Y_t = 2G_L$)로서

정확히 구형 마이크로 스트립 패치 안테나(rectangular microstrip patch antenna)가 공진될 때와 같다. 비교를 위하여 그림 1-19에 구형 마이크로 스트립 패치 안테나의 구조와 등가회로, 패치 아래의 공진기 구조에서의 전형적인 전계 분포를 도시하였다.

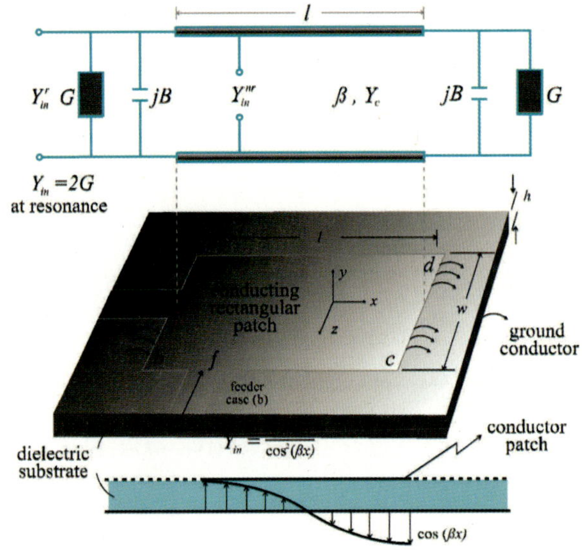

$\overline{ab}$ and $\overline{cd}$; radiating edge, $\overline{bc}$ and $\overline{da}$; non-radiating edge

그림 1-19. 구형 마이크로 스트립 패치 안테나의 구조와 등가회로, 패치 아래의 공진기 구조에서의 전계 분포

그림 1-16 구조에서 $T = P_{trans}/P_{inc}$로 정의했던 전력 전송 계수(power transmission coefficient)에 대하여 논의해 보자. 여기에서의 전력 전송 계수 $T = P_{trans}/P_{inc}$의 정의로서 슬릿을 통하여 투과되는 전력(y방향으로의 단위 길이당) P_{trans}와 전자파가 입사하는 측의 실제 슬릿 폭(w)에 입사되는(y방향으로의 단위 길이당) 입사 전력 $P_{inc} = \eta_0 |H|^2 w$의 비(ratio)로서 정의된 것임에 유의해야 한다. 따라서 여기에서의 T의 물리적인 차원(physical dimension)은 무명수가 된다. 위 식에서의 η_0는 자유공간의 고유 임피던스이고 $|H_0|$는 입사 자계의 RMS(root mean square) 값을 의미한다. 한 예로서 $w = 0.001\lambda$인 폭이 좁은 슬릿의 경우, $T = P_{trans}/P_{inc}$를 계산해 보면 $T = 30$이 되는데 이 결과의 물리적인 의미는 실제로 슬릿 폭에 입사하는 P_{inc}의

30배에 해당되는 전력(y방향의 단위 길이당)이 투과된다는 사실을 의미한다. 이것이 일어나기 위하여는 슬릿 폭(x방향으로의 폭) w의 30배에 해당되는 폭(y방향으로의 단위 길이당)에 입사하는 Poynting vector의 흐름이 깔대기를 통하여 원래 주어진 좁은 슬릿 폭으로 전자파 에너지가 모아져서 투과되어야 한다. 이것을 깔때기 현상(funneling phenomenon)이라 부르는데 광학 분야에서 많은 연구자들이 이 주제에 관심을 갖고 연구 중이다. 이러한 현상은 좁은 개구를 통하여 많은 전자기(광) 에너지를 투과시킬 수 있는 기술로서, NSOM(near-field scanning optical microscopy) 분야에서 해상도가 높은 탐침 설계나 고집적도의 정보기록 등 나노 기술 분야에 중요한 기술이 될 것으로 생각된다.

NSOM에 관한 추가적인 논의로서 영상화될 물체와 탐침의 단순화 모델로서 그림 1-20(a)의 구조를 생각해 볼 수 있다. 여기에서 플랜지가 있는 평행 평판 도파관이 탐침(probe)에 해당되고 $z=\epsilon$에 위치한 두 번째 슬릿을 지닌 스크린이 영상화될 물체(object to be imaged)에 해당된다. 그림 1-20(b)는 NSOM에 이전부터 널리 사용된 그림 1-20(a)에 주어진 구조의 단순화된 구조(참고 자료 [20], [21] 참조)이다. 그림 1-20(a)의 구조에서 탐침 구조를 x축 방향을 따라 주사(scanning)하면서 반사파 전력 P_{ref}의 변화를 감지하여 두 번째 슬릿(영상화될 물체를 본다)의 위치와 크기를 찾아내는 문제(전형적인 NSOM 문제로서)로 보도록 한다.

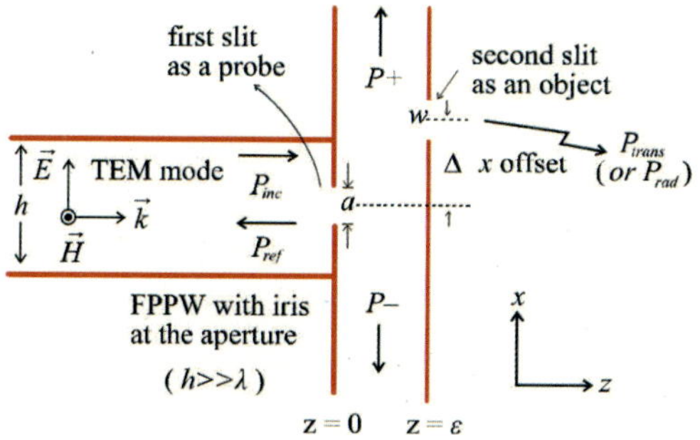

(a) 탐침과 영상화될 물체의 단순화 모델

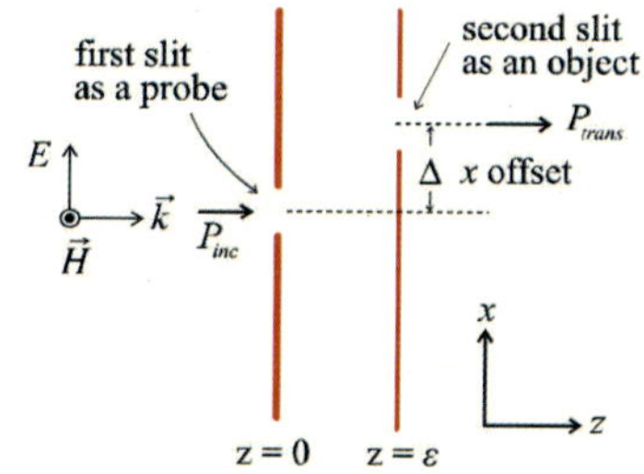

(b) 탐침과 영상화될 물체의 이전 모델

그림 1-20. NSOM에서 탐침과 영상화될 물체의 단순화 모델

지금까지 간략하게 설명한 구조들의 전자기적인 결합 특성과 각 구조들의 동작 원리 간의 공통된 물리적인 내용 및 그 유사성에 대해서는 다음에 나오는 각 장에서 자세하게 다룰 것이다.

참고 자료

1 D. Halliday, R. Resnick, and J. Walken, Fundmentals of Physics (extended), Ch. 37, pp. 930-940, John Wiley & Sons, 1997.

2 R. F. Millar, "A note on diffraction by an infinite slit," Can. J. Phys., vol. 38, pp. 38-47, 1960.

3 C. M. Butler and D. R. Wilton, "General analysis of narrow strips and slots," IEEE Trans. Antennas Propagat., vol. AP-28, no. 1, pp. 42-48, Jan 1980.

4 M. Born and E. Wolf, Principles of optics (7th edition), Cambridge university press, pp. 417-430, 1999.

5 J. I. Lee, J. H. Ko, and Y. K. Cho, "A note on diffraction and equivalent Admittance properties of a transverse slit in a parallel plate waveguide filled with a homogeneous dielectric," IEICE Trans. Commun., vol. E86-B, no. 12, pp. 3600-3605, Dec 2003.

6 Y. K. Cho, "On the equivalent circuit representation of the slitted parallel-plate waveguide filled with a dielectric," IEEE Trans. Antennas Propagat., vol. AP-37, pp. 1193-1200, Sept 1989.

7 R. F. Harrington, "Resonant behavior of a small aperture backed by a conducting body," IEEE Trans. Antenna Propagat., vol. AP-30, no. 2, pp. 205-212, Mar 1982.

8 J. I. Lee, J. H. Ko, and Y. K. Cho, "Maximum coupling through a slit in a flanged parallel plate waveguide with a conducting strip," To appear in Proceedings of International Symposium on Antenna and Propagation (ISAP), pp. 589-592 Sendai, Japan, Aug 2004.

9 J. I. Lee, C. H. Lee, and Y. K. Cho, "Electromagnetic coupling mechanism to a conducting strip through a narrow slit in a parallel-plate waveguide," IEEE Trans. Antennas Propagat., vol. AP-49, no. 4, pp. 592-596, Apr 2001.

10 J. I. Lee and Y. K. Cho, "Maximum electromagnetic coupling to a nearby conducting strip through narrow and wide slits in a parallel-plate waveguide," IEEE Trans. Antennas Propagat., vol. AP-51, no. 4, pp. 693-699, Apr 2003.

11 A. Ishimaru, Electromagnetic wave propagation, radiation, and scattering, pp. 49-52, Prentice

Hall, 1991.

12 S. Zhu, A. W. Yu, D. Hawley, and R. Roy, "Frustrated total internal reflection : A demonstration and review," Am. J. Phys., vol. 54, no. 7, pp. 601-607, July 1986.

13 H. Ikuno and Y. Noka, "A photonic crystal waveguide probe for the photon scanning tunneling microscope," in Proc. Int. Symp. Electromagn. Theory, pp. 234-235, Victoria, Canada, May 2001.

14 T. W. Ebbesen, H. J. Lezec, H. F. Ghaemi, T. Thio, and P. A Woff, "Extraordinary optical transmission through sub-wavelength hole arrays," Nature (London), vol. 391, pp. 667-669, 12 Feb 1998.

15 Y. Takakura, "Optical resonance in a narrow slit in a thick metallic screen," Phys. Rev. Lett., vol. 86, no. 24, pp. 5601-5603, 11 June 2001.

16 J. R. Suckling, A. P. Hibbins, M. J. Lockyear, T. W. Preist, and J. R. Sambles, "Finite conductance governs the resonance transmission of thin metal slits at microswave frequencies," Phys. Rev. Lett., vol. 92, no. 14, (147401), pp. 1-4, 9 Apr 2004.

17 R. F. Harrington and D. T. Auckland, "Electromagnetic transmission through narrow slots in thick conducting screens," IEEE Trans. Antennas Propagat., vol. AP-28, no. 5, pp. 616-622, Sept 1980.

18 S. Astilean, Ph. Lalanne, and M. Palamaru, "Light transmission through metallic channels much smaller than the wavelength," Opt. Comm., vol. 175, pp. 265-273, 1 March 2000.

19 Sunny Bains, "High transmission through subwavelength gratings inspires debate," OE(optics engineering) reports, 1 March 2000.

20 Y. Leviatan, "Electromagnetic coupling between two half-space region separated by two slot perforated parallel conducting screens," IEEE Trans. Microwave Theory Tech., vol. 36, no. 1, pp. 44-52, Jan 1998.

21 J. M. Vigoureusx and D. Courjon, "Detection of nonradiative fields in light of the Heisenberg uncertainty principle and the Rayleigh criterion," Appl. Opt., vol. 31, no. 16, pp. 3170-3177, June 1992.

평면 안테나planar antenna 구조의 전자기적 결합electromagnetic coupling 특성

제2장

1. 기본지식 소개
2. 평행 평판 도파관 윗면에 위치한 횡방향 슬릿(transverse slit)의 회절특성 및 등가회로적 표현
3. 평행 평판 도파관 윗면에 난 슬릿에 산란체가 인접한 구조의 전자기 결합특성
4. 평행평팡 도파관에 난 좁은 슬릿 근처에 도체 스트립이 놓인 경우, 전자기의 최대 결합 (maximum coupling) 현상

참고 자류

1. 기본지식 소개

이번 장에서는 개구 결합(aperture coupled) 평면형 안테나와 근접 결합(proximity coupled) 평면형 안테나를 2차원 구조로 단순화하여 해석함으로써, 이러한 두 가지 형태의 평면형 안테나 구조가 갖는 전자기적 결합특성을 살펴볼 것이다. 이러한 접근 방법은 이 책에서 다루고자 하는 물리적으로 서로 다른 세 가지 구조, 즉 소형 평면형 안테나 구조, 두께가 있는 도체 스크린의 좁은 슬릿으로 구성된 투과 공진 구조, 그리고 NSOM(near-field scanning optical microscopy) 분야에서의 탐침 구조 등의 동작 원리를 비교하여 이해하는 데 도움이 된다.

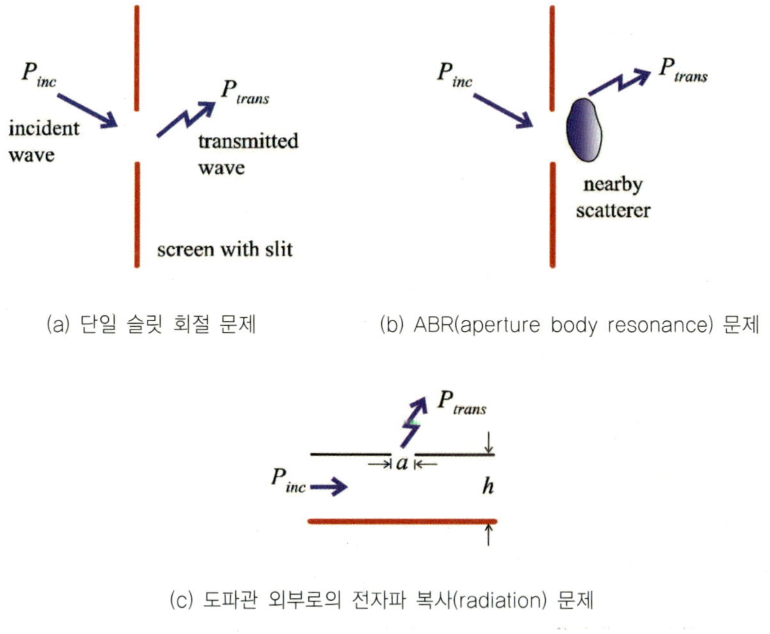

그림 2-1. 슬릿을 통한 전자기적 결합 문제의 여러 가지 구조

도체 평면상의 개구(또는 슬릿)를 통한 회절 문제는 전자기학 분야 또는 광학 분야에서 오랜 역사를 지나오면서 연구되어 왔는데 그림 2-1에 도시되어 있는 바와 같이 그림 2-1(a)의 비교적 단순한 회절 문제(단일 슬릿 문제)로부터 그림 2-1(b)와 2-1(c)처

럼 다양한 구조를 지닌 문제로 발전해 왔다. 그림 2-1(a)의 경우는 단일 슬릿 문제를 의미하는데, 이는 고교 물리 교과서나 대학 물리책에 나오는 단일 슬릿(single slit) 문제의 구조와 유사하다. 그러나 기존의 고교 물리 교과서나 대학 물리책에 나오는 슬릿 문제는 슬릿 폭이 파장에 비하여 충분히 큰, 즉 수백 파장 이상에 해당되는 데 반하여 지금 생각하고 있는 그림 2-1(a)에서의 슬릿 폭은 파장에 비하여 충분히 좁은 슬릿(narrow slit) (참고 자료 [1] 참조) 문제에 해당된다는 점에서 큰 차이가 있다. 이렇게 슬릿 폭이 파장에 비하여 충분히 작은 경우에는 왼쪽에서의 입사 전자파 에너지의 극히 작은 일부만이 좁은 슬릿을 통하여 오른쪽 반 공간(half-space)으로 투과해 갈 수 있다. 즉 슬릿 폭이 작을수록 오른쪽 반 공간으로 투과되는 에너지는 보다 작은 값을 갖게 된다. 그러나 이렇게 좁은 슬릿의 경우에도 적절한 크기의 도체 산란체를 슬릿 근처의 어떤 적절한 위치에 놓게 되면 슬릿을 통하여 오른쪽 반 공간으로 투과되는 전력을 상당히 증대시킬 수가 있다. 이렇듯이 슬릿을 통하여 오른쪽 반 공간으로 투과되는 전력이 최대가 되는 조건을 ABR(aperture body resonance) 조건이라 하고 이러한 물리적인 현상을 다루는 문제를 ABR 문제(problem)라고 한다. 그림 2-1(b)는 ABR 문제(참고 자료 [2] 참조)를 도시한 것이다.

그림 2-1(c)는 슬릿이 있는 스크린 왼쪽의 반 공간(half-space)을 도파 구조(guiding structure)로 바꾸고 원래의 입사파를 도파 모드로서 슬릿을 향하여 오는 경우의 문제로 대체한 경우에 해당된다.

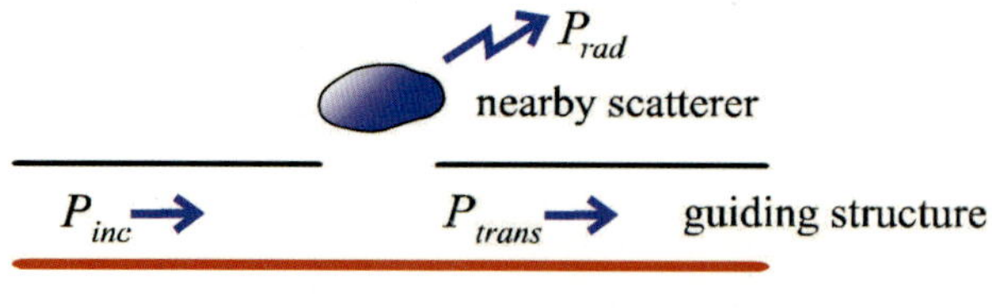

그림 2-2. 그림 2-1(b)와 (c)를 결합한 구조

본 장에서는 먼저 그림 2-1(c)에 도시된 구조에서의 회절 문제(즉 경계치 문제)를 심도 있게 다루고 난 후에 그림 2-1(b)와 그림 2-1(c)의 구조가 결합된 문제, 즉 그림

2-2에 도시되어 있는 구조에서의 회절 문제(참고 자료 [3] 참조)를 다루어 보려고 한다. 뒷부분에서 논의되겠지만 그림 2-2의 경우에는 슬릿을 통하여 근접 산란체가 있는 위쪽 반 공간으로 복사되는 복사 에너지가 입사 전력 P_{inc}의 50%에 해당되는 경우에 최대의 복사 전력이 된다. 따라서 그림 2-2의 구조를 어떻게 변형하면 입사 전력의 100%가 슬릿을 통하여 위쪽 반 공간으로 복사될 수 있는가에 대한 문제를 살펴보고자 한다.

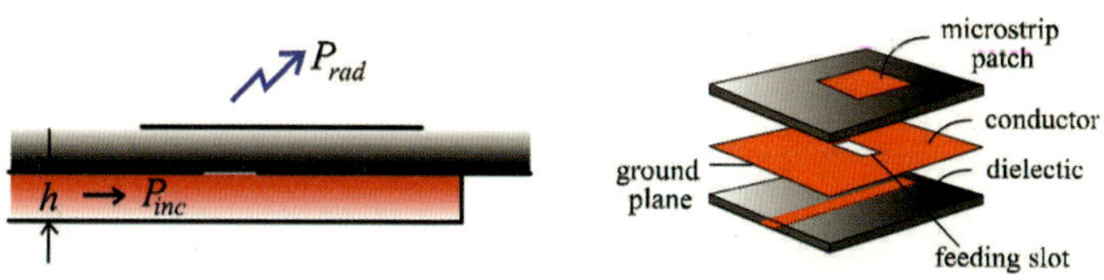

(a) 개구 결합 마이크로 스트립 안테나 구조와 그 단순화된 구조

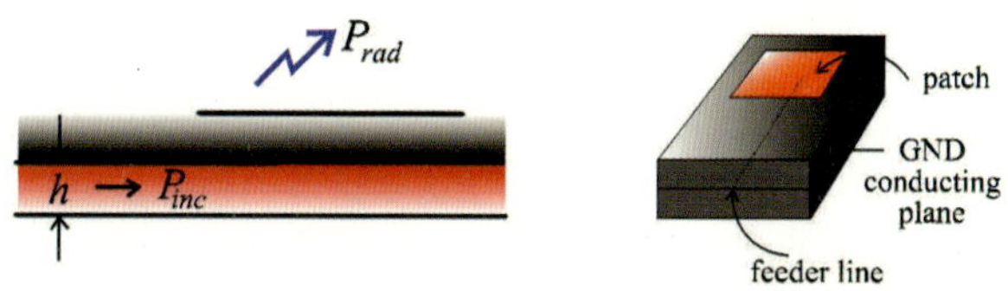

(b) 근접 결합 마이크로 스트립 안테나 구조와 그 단순화된 구조

그림 2-3. 개구 결합 마이크로 스트립 안테나와 근접 결합 마이크로 스트립 안테나의 단순화된 형태로서 완전 정합($P_{rad}/P_{inc} \cong 1$)이 구현될 수 있는 구조

이러한 목적으로 그림 2-3(a)와 같이 슬릿 아래의 도파로의 오른쪽 끝부분을 단락(short)시켜서, 즉 슬릿의 중심에서 단락 지점까지의 거리를 관내 파장의 반 파장으로 만들어 준 단락 스터브($\lambda/2$-short stub)를 만들어 주거나 또는 그림 2-3(b)에서와 같이 평행 평판 도파관 구조에서 슬릿을 구성했던 윗판의 오른쪽 부분을 제거해 줌으로써 슬릿 폭이 무한대가 되는 구조를 만들어 주면 되는데 사실 이러한 두 구조는 그림 2-3(a)와 그림 2-3(b)의 오른쪽에 도시된 바와 같이 마이크로 스트립 안테나 분야에서 널리 사용되어 오고 있는 개구 결합(aperture coupled) 마이크로 스트립 안테나(참고 자료 [4] 참조)와 근접 결합(proximity coupled) 마이크로 스트립 안테나(참고 자료

[5] 참조)의 단순화된 모델로 볼 수 있다. 앞에서 그림 2-3(a)와 그림 2-3(b)에 도시되어 있는 평행 평판 도파관 구조에서 평행 평판 도파관의 높이 h가 파장 λ에 비하여 매우 작은 경우임을 유념해야 한다. 이에 대한 물리적인 내용은 뒤에 설명될 것이다.

평행 평판 도파관의 높이 h가 파장 λ에 비하여 매우 작다는 조건이 만족된다면 앞의 그림 2-3(a)와 2-3(b)에서 사용되었던 평행 평판 도파관의 윗판에 있는 슬릿 근처에 근접 산란체를 놓은 구조 대신에 아래 그림 2-4에서와 같이 평행 평판 도파관의 오른쪽 끝의 개방된 슬릿 주위에 플랜지가 있는 구조에서 슬릿 근처에 도체 스트립과 같은 근접 산란체를 놓아도 완전한 임피던스 정합을 구현할 수가 있다. 또한 그림 2-3(a), 그림 2-3(b)와 그림 2-4에 주어진 세 가지 구조에서의 임피던스 정합 메커니즘(impedance matching mechanism)과 FTIR(frustrated total internal reflection) 개념과의 상호 연관성 또는 유사성에 대하여도 논의할 것이다. 동시에 임피던스 정합의 동작 원리와 NSOM(near-field scanning optical microscopy) (참고 자료 [6] 참조)에서의 이미징의 동작원리(imaging principle) 간의 상호 연관성에 대하여도 논의하게 될 것이다. 다시 한 번 더 강조하건데, 이 책에서 다루는 문제는 모두 2차원 문제이며 여기에서 다루는 평행 평판 도파관의 높이 h는 파장에 비하여 매우 작으며 동시에 좁은 슬릿의 경우의 슬릿 폭 또한 파장에 비하여 매우 작다는 것을 가정하고 있음에 유념해야 한다.

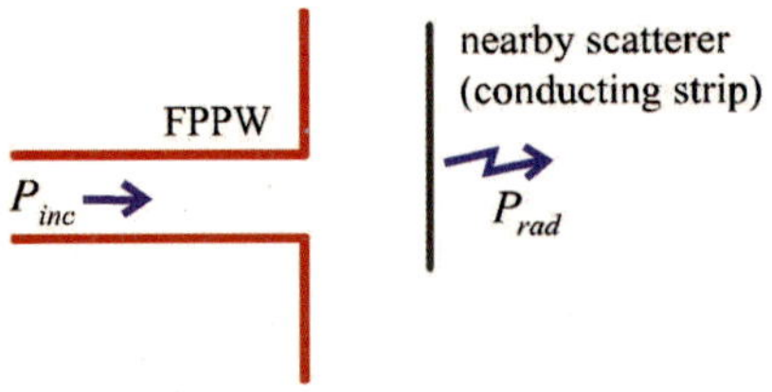

그림 2-4. 완전 정합이 구현될 수 있는 또 다른 구조

2. 평행 평판 도파관 윗면에 위치한 횡방향 슬릿(transverse slit)의 회절특성 및 등가회로적 표현

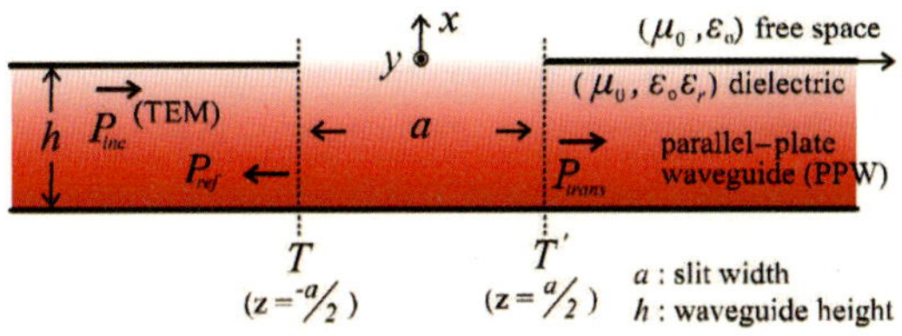

(a) 평행 평판 도파관 윗면에 난 슬릿 구조

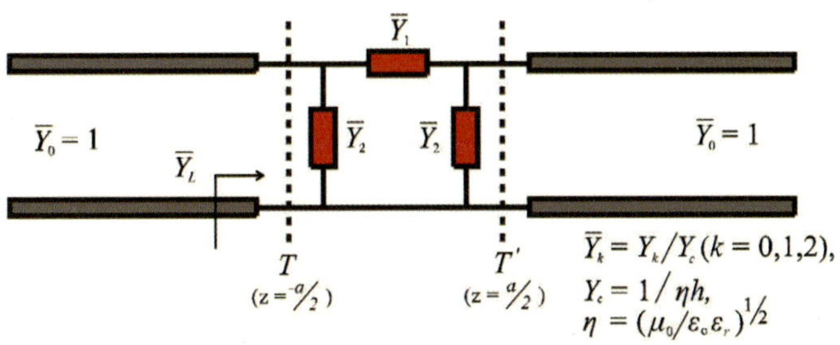

(b) π 모델 등가회로 표현

그림 2-5. 평행 평판 도파관의 윗면에 위치한 슬릿 구조와 π 모델 등가회로 표현

평행 평판 도파관 윗면에 위치한 슬릿 구조에 산란체가 인접하여 위치하게 되면, 슬릿의 전자기적 결합특성이 크게 변한다. 이러한 현상을 이해하기 위해서는 먼저 평행 평판 도파관 윗면에 위치한 슬릿 구조의 전자기적 결합특성을 살펴보아야 한다. 이를 위하여 그림 2-5(a)에 입사 전력이 P_{inc}인 TEM(transverse electromagnetic)파가 도파관을 따라 진행하면서 슬릿에 입사하고 있다고 하자. 이 구조의 물리적 파라미터(parameter)들을 편의상 아래와 같이 정의하고, 모멘트법(참고 자료 [7] 참조)으로 수치 해석한 결과를 살펴보려고 한다.

a: 슬릿 폭

h: 평행 평판 도파관 높이

ϵ_r: 도파관 내에 있는 유전체의 상대 유전율

μ_0: 공기의 투자율

ϵ_0: 공기의 유전율

P_{inc}: 입사 전력

P_{ref}: 반사 전력

P_{trans}: 투과 전력

P_{slit}: 복사 전력

$|z| \le a/2(x=0)$: 도파관 윗면에 위치한 슬릿의 위치

그림 2-5(b)는 슬릿의 π모델 등가회로 표현이다. 전송선 상의 등가회로에서 직렬(또는 병렬)로 연결된 어드미턴스 $\overline{Y_1}$(또는 $\overline{Y_2}$) 값은 슬릿 양단($z=-a/2$와 $z=a/2$)에서 TEM파의 자계 성분 반사계수와 투과계수를 계산하고 나서 이를 이용하여 구할 수 있다(참고 자료 [7] 참조). 이때 변수 $\overline{Y_1}$, $\overline{Y_2}$, $\overline{Y_L}$에 사용된 상부의 bar(over bar)는 각 어드미턴스(Y_1, Y_2, Y_L)를 평행 평판 도파관의 특성 어드미턴스($Y_0 = 1/(\eta_1 h)$)로 정규화했다는 의미이다.

여기에서 Y_L은 그림 2-5(b)에 도시되어 있는 바와 같이 π 등가회로의 왼쪽에서 오른쪽으로 바라다본 어드미턴스로서, 선로의 특성 어드미턴스 Y_0로 정규화한 값, 즉 $\overline{Y_L}$은 $\overline{Y_L}= Y_L/Y_0$로 주어지며 $Y_L = Y_2 + \frac{Y_1 \bullet (Y_2+1)}{Y_1+(Y_2+1)}$로 표현된다. 그리고 $\eta = \sqrt{\frac{\mu_0}{\epsilon_0 \epsilon_r}}$으로 주어진다.

평행 평판 도파관의 윗면에 위치한 횡축방향의 슬릿에 의한 회절 특성 – 슬릿으로부터의 반사계수, 슬릿을 지나서 오른편 평행 평판 도파관으로의 투과계수, 그리고 슬릿을 통한 복사 특성을 포함하여 – 은 평행 평판 도파관의 높이 h의 값에 따라 현저하게 변화한다. 이러한 슬릿에 의한 회절 특성을 알아보기 위하여 $kh\left(k=\omega\sqrt{\mu_0\epsilon_r\epsilon_0}\right)$ 값의 변화에 따라 슬릿에서의 반사 전력 P_{ref}, 슬릿을 지나 오른쪽의 평행 평판 도파관으로 투과되는 전력 P_{trans}, 그리고 슬릿을 통하여 복사되는 전력 P_{slit}이 어떻게 변화하는지 그림 2-6에서 살펴보기로 한다. 그림 2-6에 도시된 수치 결과들은

적분 방정식 방법으로 MOM(method of moments) (참고 자료 [8] 참조)을 사용하여 구한 결과들이다.

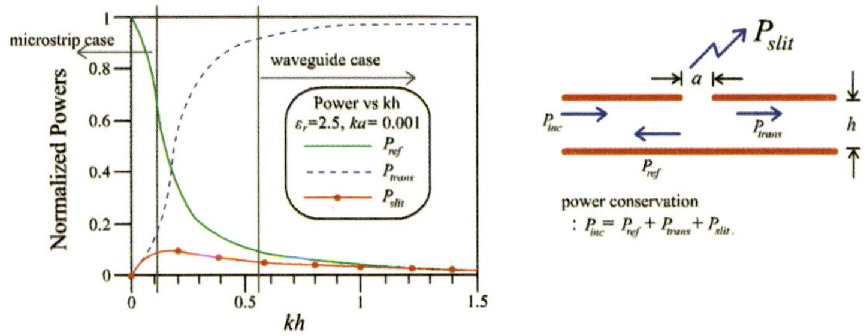

그림 2-6. P_{ref}, P_{trans}, P_{slit} 대 kh 그래프(ϵ_r=2.5, ka=0.001)

먼저 그림 2-6에 나타난 것처럼 도파관의 높이가 변할 때, 전자기적 결합특성이 어떻게 달라지는지 살펴보자. 위의 그래프에서 $ka=\frac{2\pi}{\lambda}\sqrt{\epsilon_r}\,a=0.001$로 선택한 이유는 도파관의 높이 h가 파장 λ에 비하여 충분히 작은 경우, 즉 $kh=\frac{2\pi}{\lambda}\sqrt{\epsilon_r}\,h$가 충분히 작은 경우, 폭 a가 매우 작은 슬릿조차도 개방회로(open circuit)로 작용한다는 사실을 강조하기 위해서다. 그림 2-6에서 kh가 작을수록, 즉 kh가 0으로 수렴해 갈수록 전력 반사계수 P_{ref}가 거의 1로 수렴해 가는 것을 관찰할 수 있는데, 이러한 사실로부터도 kh가 작을 때는 아무리 작은 폭의 슬릿이라도 회로의 끊어진 상태(open)에 해당된다는 것을 쉽게 알 수 있다. 이는 우리가 낮은 주파수 대역을 다루는 회로이론에서 경험할 수 있는 것처럼 회로상에 한 점 끊어진 곳만 있어도 회로가 개방되는 것과 같은 이야기가 된다.

따라서 kh값이 작을 때는 평행 평판 도파관 구조가 마이크로스트립 구조에 가까워지며 이때 좁은 슬릿이라도 있으면 슬릿으로부터의 반사계수가 매우 커지고 슬릿을 지나 오른쪽으로 투과되는 투과 전력과 슬릿을 통하여 위로 복사되는 복사 전력은 매우 작게 된다. 반면에 kh값이 크게 되면 좁은 슬릿이 있어도 슬릿으로부터의 반사계수와 슬릿을 통하여 위로 복사되는 복사 전력은 매우 작게 되는 반면 입사파 전력의 대부분이 슬릿을 통과하여 오른쪽 평행 평판 도파관으로 투과하게 된다. 따라서 이러한 두 가지 극단의 경우를 구별하여 마이크로스트립 구조와 도파관 구조로 부를 수 있다.

계속해서 이번 장에서는 개구 결합(aperture coupled) 마이크로 스트립 안테나와 근접 결합(proximity coupled) 마이크로 스트립 안테나를 2차원 구조로 단순화하여 그 전자기적 결합특성을 살펴볼 것이므로, 우리는 마이크로 스트립 구조에 초점을 맞추어 논의를 계속하기로 한다.

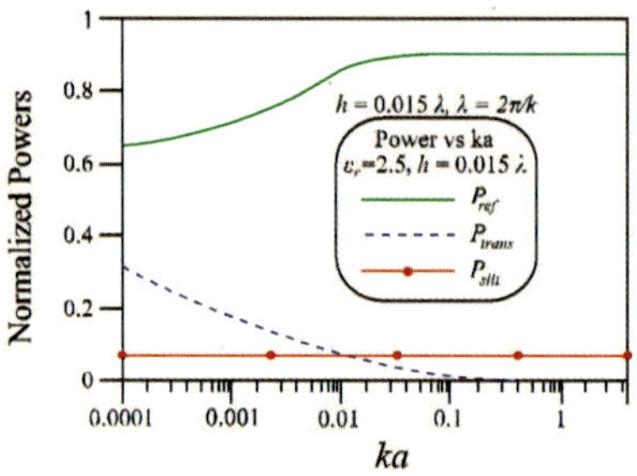

그림 2-7. P_{ref}, P_{trans}, P_{slit} 대 ka 그래프(kh=0.09425)

이러한 관점에서 그림 2-7을 참고하여 마이크로 스트립 구조를 유지하며(kh =0.09425) 슬릿의 폭을 변화시키면서, 그 전자기적 결합 특성이 어떻게 달라지는지 살펴보자. 이때 유전율과 유전체 두께(평행 평판 도파관 높이에 해당되는) (ϵ_r=2.5, kh =0.09425) 값은 상용 마이크로 스트립 기판 정보를 그대로 사용한 것이다.

그래프에서 ka 값이 0.1 이상일 때, P_{ref}/P_{inc}, P_{slit}/P_{inc}, P_{trans}/P_{inc} 값은 각각 0.93, 0.07, 0으로 일정하게 유지됨을 볼 수 있다. 즉 입사 전력이 대부분 반사되고, 투과 전력과 복사 전력은 매우 작음을 알 수 있다. 반면에 ka 값이 '0'에 가까워지면, P_{ref} 값은 매우 완만하게 감소하는 반면, P_{slit} 값은 작은 값으로 매우 천천히 감소한다. 그리고 P_{trans} 값은 아주 서서히 증가함을 볼 수 있다. 따라서 전술한 바와 같이 kh가 작은 마이크로 스트립 구조의 경우, 아무리 좁은 슬릿이라도 개방된 회로(open circuit)로 작용하려는 경향을 지니고 있음을 알 수 있다.

2-1. 슬릿 폭이 좁은 경우의 전자기 결합특성

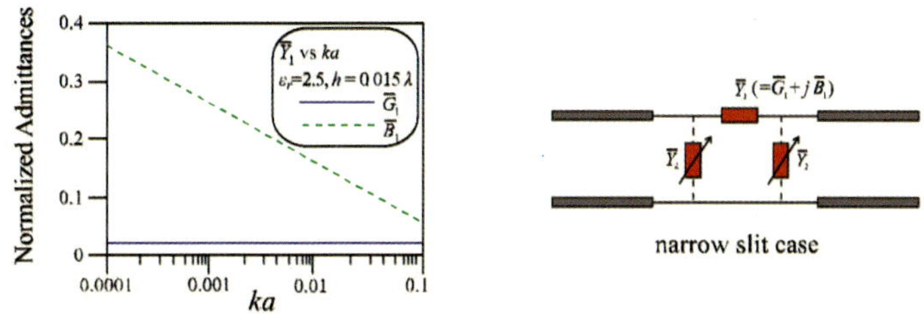

그림 2-8. $\overline{Y_1}=(\overline{G_1}+j\overline{B_1})$ 대 ka 그래프(ϵ_r=2.5, kh=0.09425, h=0.015)

슬릿의 폭이 대략 도파관 높이의 1/4 이하로 좁아지게 되면 그림 2-5(b)에 나타난 $\overline{Y_2}$ 값은 무시할 수 있을 만큼 작아진다. 따라서 전체 등가회로는 그림 2-8의 오른쪽 등가회로처럼 전송선 상에 $\overline{Y_1}$만 직렬로 연결된 형태가 된다. 그림 2-8의 왼쪽 그래프는 슬릿 폭이 변화할 때, $\overline{Y_1}=\left(\overline{G_1}+j\overline{B_1}\right)$ 값이 어떻게 달라지는지를 나타내고 있다. $\overline{B_1}$ 값의 변화를 잘 보여주기 위해서 x축을 대수축(log scale)으로 나타내었다.

그래프 상에서 ka 값이 '0'에 가까워지면, $\overline{B_1}$ 값은 로그함수적으로 증가하여 발산하고 $\overline{G_1}$ 값은 일정한 것을 볼 수 있다(참고 자료 [7] 참조). 이때의 $G_1=\left(\overline{G_1}\times Y_0\right)$ 값은 $(120\lambda_0)^{-1}$[S/m]이다(Y_0: 도파관의 특성 어드미턴스, λ_0: 자유공간 파장). 따라서 슬릿 폭이 극단적으로 좁아질 때의 극한에서, $|\overline{Y_1}|$는 발산하고 $|\overline{Z_1}|(=1/\overline{Y_1})$은 '0'이 되어 결국 슬릿은 회로적으로 단락(short)되는 효과가 나타난다. 흥미롭게도 여기에서의 $G_1\left(=\frac{1}{120\lambda_0}[S/m]\right)$ 값은 플랜지된 평행평판 도파관의 개방된 개구(참고 자료 [9] 참조)(즉, 슬릿)에 의한 복사 컨덕턴스(이 표현식은 Marcuvitz의 waveguide handbook에도 나올 정도로 널리 알려진 내용임)뿐만 아니라 마이크로 스트립 패치 구조에서의 개방된 끝(open end)의 슬릿을 2차원적으로 근사화한 구조에서의 복사 컨덕턴스(참고 자료 [10] 참조) (마이크로 스트립 안테나 기술의 발전 초기에 마이크로 스트립 패치 안테나의 복사 컨덕턴스를 구할 때 널리 쓰이기도 하였음) 값과도 동일하다.

2-2. 슬릿 폭이 넓은 경우의 전자기 결합특성

도파관 높이를 작게 설정하여 마이크로 스트립 구조를 만들고, 슬릿의 폭을 특정 한계치 이상 키우면, 반사 전력(P_{ref}/P_{inc})과 복사 전력(P_{slit}/P_{inc})은 각각 0.93, 0.07의 값을 가지며 투과 전력(P_{trans})은 없게 된다.

이러한 경우에 슬릿의 등가회로는 π모델 해석으로 얻은 $\overline{Y_1}$보다 오히려 그림 2-5(a)에 나타난 $z=-a/2$인 지점에서 오른쪽으로 바라본 입력 어드미턴스 $\overline{Y_1}=\left(\overline{G_1}+j\overline{B_1}\right)$이 더 적합하다. 이때의 $G_1=\left(\overline{G_1}\times Y_0\right)$ 값은 앞서 좁은 슬릿의 경우에 살펴본 $G_1=\left(\overline{G_1}\times Y_0\right)$ 값과 같은 $(120\lambda_0)^{-1}\,[S/m]$이다. 이것은 참으로 흥미로운 사실이다. 구조가 다른 슬릿들의 복사 컨덕턴스가 같은 이유는 이 복사 컨덕턴스의 stationary property에 기인한 것으로 생각할 수 있다.

만약 도파관 높이를 매우 작게 설정하면($kh\rightarrow 0$), G_L이 B_L보다 상대적으로 작은 값을 유지하면서, G_L, B_L 값 모두 '0'으로 수렴해 간다. 이는 마이크로 스트립 안테나 이론의 공진기 모델(마이크로 스트립 패치에 해당되는) 주위의 자계벽(magnetic wall) 개념에 해당한다.

2-3. 요약

이제까지 논의한 내용은 아래의 세 가지 내용으로 요약된다.

(1) 평형평판 도파관의 높이 h가 파장에 비하여 충분히 작은 경우, 즉 마이크로 스트립 구조의 경우, 좁은 슬릿은 개방회로(open circuit)처럼 작동하고, 그 등가회로는 아래의 그림 2-9와 같다.

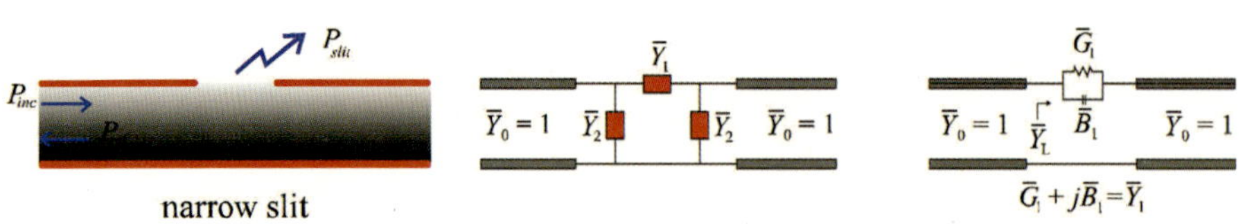

그림 2-9. 좁은 슬릿 구조와 그 등가회로

여기서 $G_1\left(=\overline{G_1}\times Y_0\right)=\left(120\lambda_0\right)^{-1}[S/m]$ 이고 $Y_0=(\eta h)^{-1}=\left[\sqrt{\dfrac{\mu_0}{\epsilon_0\epsilon_r}}\,h\right]^{-1}$ 이다.

(2) 앞의 요약 (1)의 G_1 값은 그림 2-10에 나타난 플랜지된 평행 평판 도파관의 끝을 개방함으로써 생긴 슬릿의 컨덕턴스 G와 같다(단, $h \ll \lambda$). 이러한 사실은 R. F. Harrington(참고 자료 [9] 참조)과 N. Marcuvitz(참고 자료 [11] 참조)에 의해 밝혀졌으며, 마이크로 스트립 패치 안테나 설계에 널리 사용되기도 하였다.

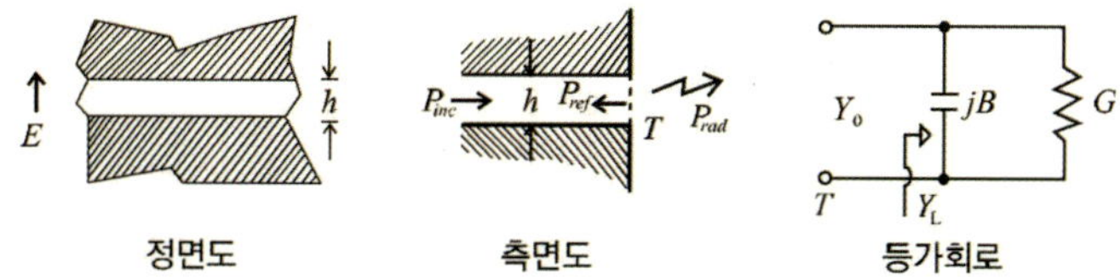

그림 2-10. 플랜지된 평행 평판 도파관 끝을 개방함으로써 생긴 슬릿 구조

(3) 폭이 넓은 슬릿(참고 자료 [10], [12], [13] 참조)의 경우에는 그림 2-11에 나타난 것처럼 투과 전력(P_{trans})은 '0'으로 수렴하고, G_L 값은 $\left(120\lambda_0\right)^{-1}$로서 요약 (1)과 (2)에 나타난 G_1, G 값과 같다. 또한 전술한 바와 같이 B_L은 G_L보다 상대적으로 큰 값을 가지며, $kh\rightarrow 0$으로 수렴하는 경우에 G_L과 B_L 값은 모두 '0'으로 수렴하게 된다. 이는 마이크로 스트립 안테나 이론의 공진기 모델(cavity model) 주위의 자계벽(magnetic wall) 개념에 해당된다.

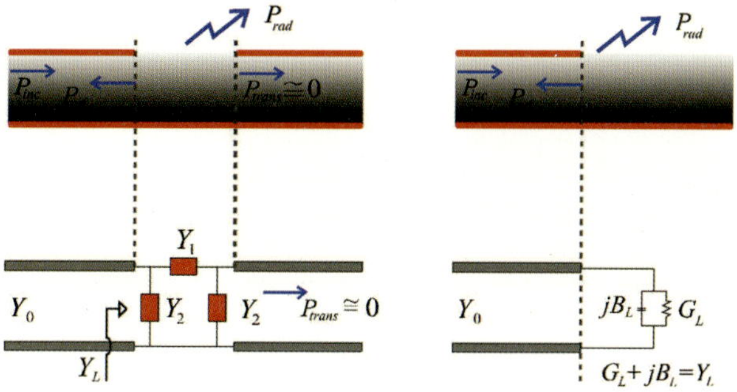

그림 2-11. 폭이 넓은 슬릿 구조와 그 등가회로

요약 (1), (2), (3)에 나타난 모든 슬릿에 자계벽 개념이 적용된다. 즉, B_L은 G_L보다 상대적으로 매우 큰 값을 가지며, $kh \to 0$인 경우에 G_L과 B_L 값은 모두 '0'으로 수렴하게 된다. 이러한 점은 입사파 전력이 슬릿을 통해 잘 복사되지 않고 리액티브 에너지가 대부분 슬릿 근처에 모여 있음을 나타낸다. 따라서 요약 (1), (2), (3)에 나타난 모든 슬릿의 복사 효율은 좋지 않다. 이러한 슬릿에 산란체가 인접하여 놓이게 되면 복사효율이 현저히 증가 또는 변화할 수 있는데, 이러한 원리로 근접장 주사 광학 현미경(참고 자료 [14], [15] 참조)을 사용하여 물체의 영상을 얻는다. 이 내용에 대하여는 뒤에서 논의한다. 다음 절에서는 평행 평판 도파관의 슬릿에 산란체가 인접한 경우, 즉 전술한 세 가지 구조에서의 전자기적 결합특성을 임피던스 정합 문제의 관점에서 살펴보고자 한다.

3. 평행 평판 도파관 윗면에 난 슬릿에 산란체가 인접한 구조의 전자기 결합특성

전술한 바와 같이 앞 절에서 살펴본 세 가지 구조에 포함된 슬릿은 모두 개방회로(open circuit)처럼 작용한다. 그리고 실제 슬릿을 전자기 복사특성이 포함된 회로적인 요소(circuit element)로 등가적으로 표현하면 $Y = G + jB$(Y: admittance, G: conductance, B: susceptance)인데 여기에서 Y의 허수성분(B)이 실수성분(G)보다 매우 크기 때문에 슬릿은 그 자체만으로 복사효율(P_{slit}/P_{inc})이 매우 낮다. 이때 도체 스트립과 같은 산란체를 슬릿에 인접시키면 G는 어느 정도 커지고, B 값은 거의 '0'이 되도록 할

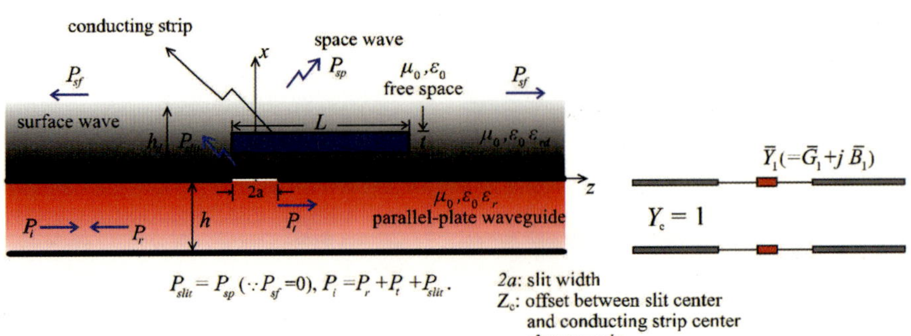

그림 2-12. 평행 평판 도파관에 위치한 좁은 슬릿에 도체 스트립이 인접한 구조와 그에 대한 등가회로

수가 있다. 이러한 경우 슬릿의 복사 효율(P_{slit}/P_{inc})은 50%까지 개선된다. 즉 입사파 전력의 50% 정도를 슬릿을 통하여 복사시킬 수가 있는데 이것이 아래 그림 2-12 구조에서의 복사 효율의 최대값이 된다.

지금까지의 논의에 대한 물리적인 내용을 알아보기 위하여 그림 2-12와 같이 길이가 L인 도체 스트립이 평행 평판 도파관의 윗면의 좁은 슬릿에 인접하여 위치한 구조를 생각해 본다. 수치 해석을 위하여 사용된 구조의 기하학적 파라미터와 물질 상수와 중요 파라미터들은 아래와 같이 주어지며(참고 자료 [6] 참조), 좁은 슬릿의 경우에 국한하여 논의하기 때문에 등가회로(그림 2-5(b))에서 병렬 어드미턴스 $\overline{Y_2} \cong 0$는 무시되므로 그림 2-12의 오른쪽에 작게 도시된 회로 그림과 같이 오직 직렬 어드미턴스 $Y_1 = G_1 + jB_1$만으로 표현된다.

S: 슬릿과 도체 스트립의 간격($0.0135\lambda_d$)

ϵ_r: 도파관내 유전체의 상대 유전율(2.2)

ϵ_{rd}: 도파관 위 유전체의 상대 유전율(2.2)

h_d: 도파관 위 유전체의 두께($0.0155\lambda_d$)

$2a$: 슬릿의 폭(0.003λ)

L: 도체 스트립의 길이($0.475\lambda_d$)

t: 도체 스트립의 두께($0.002\lambda_d$)

λ_d: 유전체 내의 파장($\lambda_0/\sqrt{\epsilon_{rd}}$)

λ_0: 자유공간의 파장

P_{sp}: 위 공간으로 복사되는 전력(space wave power)

P_{sf}: 도파관 위쪽 유전체 층을 따라 진행하는 표면파 전력(surface wave power)

3-1. 두 가지 결합 메커니즘 - 공진기형(cavity type) 복사 구조, 기생형(parasitic type) 복사 구조

도체 스트립이 슬릿에 인접한 경우의 전자기 결합특성을 살펴보기 위해서, 그림 2-13과 그림 2-14에 반사파 전력 P_r, 투과파 전력 P_t, 슬릿을 통하여 위쪽으로 빠져나가는 전력 P_{slit}, $\overline{Y_1}=\left(\overline{G_1}+j\overline{B_1}\right)$ 값을 오프셋 위치(Z_c)의 그래프로 나타내었다. 여기서 오프셋 위치란 슬릿 중심과 도체 스트립 중심의 z방향 변위를 나타내며, 도체 스트립의 길이($L=0.475\lambda L_d$)는 복사 전력이 최대가 될 때의 값을 선택하였다. 또한 도체 스트립의 유무에 따른 전자기 결합 특성을 쉽게 비교하기 위하여 각 변수 값(P_r, P_t, P_{slit}, $\overline{Y_1}=\left(\overline{G_1}+j\overline{B_1}\right)$)을 점선(도체 스트립이 없는 경우)과 실선(도체 스트립이 있는 경우)으로 구분하였다.

2-2절에서 살펴본 것처럼 도파관의 윗면에 위치한 슬릿은 π 모델 등가회로로 표현되는데, 슬릿 폭이 대략 도파관 높이의 1/4 이하로 좁아질 때에는 π 모델 등가회로의 병렬 성분($\overline{Y_2}$)을 무시할 수 있다. 따라서 그래프에 나타난 $\overline{G_1}$과 $\overline{B_1}$ 값은 π 모델 등가회로의 직렬 성분($\overline{Y_1}$)에 해당된다. 여기에서의 수치 결과들은 $h_d=S+t$이고 $t=0.002\lambda_d$인 경우에 대하여 계산한 결과들을 도시한 것이다.

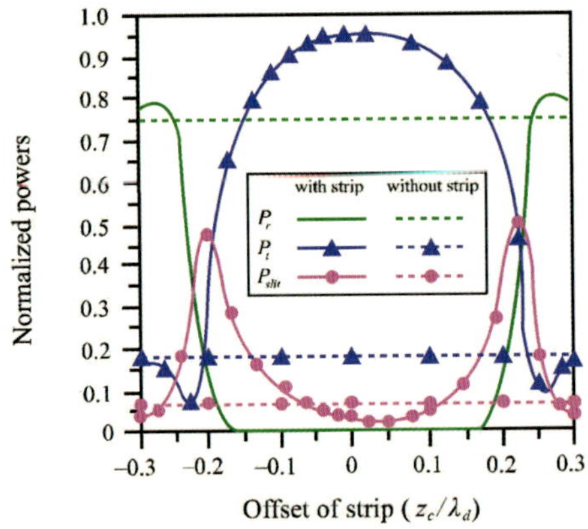

그림 2-13. P_r, P_t, P_{slit} 대 z_c/λ_d 그래프

흥미롭게도 그림 2-13을 살펴보면 오프셋 Z_c가 $Z_c=0$인 위치에서 복사 전력이 최소가 됨을 알 수 있다. 이때 입사 전력은 대부분 슬릿을 지나 오른편의 평행 평판 도파관으로 통과하게 되기 때문에 슬릿으로부터의 반사 전력은 매우 작게 된다. 왜냐하면 도체 스트립이 전자파의 복사가 일어나는 슬릿을 전자기적으로 막는(blocking) 역할을 하기 때문이다.

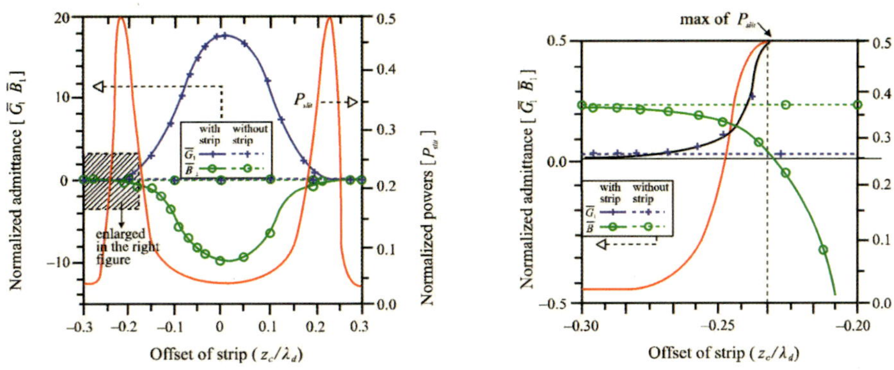

(a) P_{slit}, $\overline{G_1}$, $\overline{B_1}$ 대 z_c/λ_d 그래프

(b) (a)에서 빗금 친 부분의 확대도

그림 2-14. P_{slit}, $\overline{G_1}$, $\overline{B_1}$ 대 z_c/λ_d 그래프와 그 확대도

그림 2-14(a)에 도시된 그래프를 살펴보면 오프셋 위치(Z_c)가 $Z_c=\pm 0.23$인 두 지점에서 슬릿을 통하여 빠져나가는 복사 전력 P_{slit}이 최대가 되고, 그 복사 효율이 50%가 됨을 알 수 있다. 그림 2-14(b)에서 복사 전력 P_{slit}이 최대가 되는 지점에서 $\overline{Y_1}$ $(=0.43-j0.01)$ 값을 그림 2-15의 등가회로에 적용해 보면 $\overline{Y_1}$에 연결되어 있는 2개의 Y_c에 의한 $\frac{Y_c}{2}=0.5$와 대략 동일하다(물론 0.43과 0.5는 차이가 있지만). 따라서 이 구조의 복사 효율이 대략 50%라는 점을 확인할 수 있다. 또한 복사 전력(P_{slit})은 위의 자유 공간으로 복사되는 전력(P_{sf})과 유전체 슬랩(dielectric slab)을 따라 진행하는 표면파 전력(P_{sf})으로 나눌 수 있는데, 전자가 96%로 대부분을 차지한다. 즉 표면파 전력 P_{sf}가 슬릿을 통하여 빠져나가는 전력 P_{slit}의 4% 정도에 해당된다는 것이다.

그림 2-15의 등가회로에 대하여 다시 한 번 더 생각해 보자. 그림 2-15에서 $\overline{Y_1}=\overline{G_1}+j\overline{B_1}$은 좁은 슬릿을 통하여 위쪽으로 바라다본 정규화된 어드미턴스이고 오른쪽의 $\overline{Y_1}(=1)$는 슬릿의 바로 오른쪽 포트(port) 쪽으로 바라다본 어드미턴스로서, 바로 슬릿의 오른쪽 평행 평판 도파관의 특성 어드미턴스의 정규화된 값을 의미한다. 그리고 왼쪽의 $2V_{inc}$와 $\overline{Y_1}(=1)$가 직렬 연결된 회로는 바로 슬릿의 왼쪽 포트(Port)에서 테브닌 등가회로를 구한 것으로서, 슬릿 왼쪽 포트를 개방했을 때, 이 포트에 걸리는 전압과 왼쪽으로 바라다본 어드미턴스(특성 어드미턴스에 해당)를 의미한다. 여기에서

정규화라 함은 평행 평판 도파관의 특성 어드미턴스로서 나누어 주었다는 것을 의미한다. 따라서 $\overline{Y_1}$에서 소모되는 전력이 슬릿을 통하여 빠져나가는 복사 전력 P_{slit}이 되고 2개의 $\overline{Y_c}$에서 소모되는 전력은 평행 평판 도파관 내부에서 반사되거나 투과되는 전력이라는 점을 감안하면 이 두 전력이 대략 같다는 사실로부터 그림 2-15에서의 복사 효율이 최대한 50%에 이를 것임을 추론할 수 있다(참고 자료 [16] 참조).

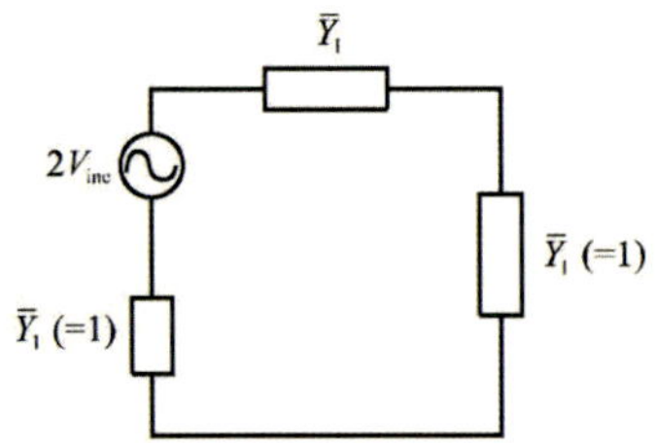

그림 2-15. 슬릿의 등가회로

그림 2-12에 도시되어 있는 평행 평판 도파관의 윗면 그리고 도파관 위의 유전체 층 내의 길이가 L인 도체 스트립, 이 두 부분은 그림 2-16에서와 같이 양 끝이 개방된 전송선로를 구성하여 공동 또는 공진기(cavity)의 구실을 하게 된다. 공동(cavity)의 공진주파수와 TEM파의 입사주파수(그림 2-12의 평행 평판 도파관 내의 입사 전력 P_i를 주는 입사파의 주파수)가 일치할 때, TM_{01} 공진 모드가 발생한다. 이러한 공진 모드의 x방향 전계 성분은 아래 그림 2-16에서와 같이 z축을 따라 반 파장 길이의 cosine 함수와 같은 모습의 크기 변화를 갖는다.

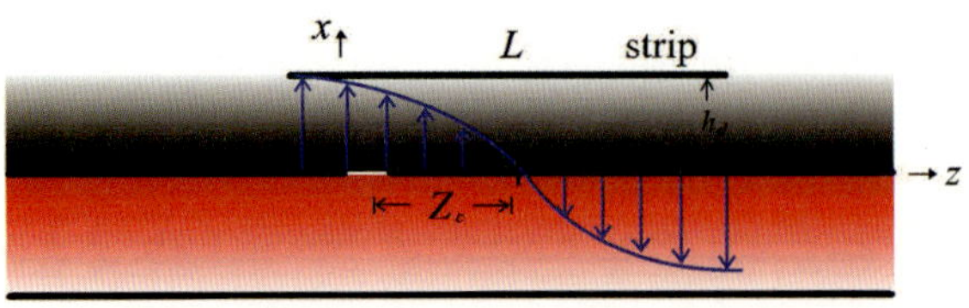

그림 2-16. 도체 스트립 아래에 분포한 TM_{01} 공진 모드

그림 2-14(a)로부터 알 수 있듯이 복사 전력 P_{slit}이 최대가 되는 오프셋 위치 Z_c는

Z_c=0인 위치를 기준으로 좌우 대칭인 두 지점에 위치하고 있다. 이는 구형 마이크로 스트립 패치 안테나(rectangular microstrip patch antenna)의 복사를 최대가 되도록 하기 위한, 즉 임피던스 정합을 위한 급전 점의 위치가(동축선으로 급전하든지 또는 마이크로 스트립 라인으로 급전하든지 간에) 패치의 중심을 기준으로 좌우 대칭인 두 곳에 위치하고 있는 것과 동일한 내용이다.

도체 스트립의 길이(L)가 반 파장(유전체 효과가 고려된 길이)보다 약간 짧은 $0.475\lambda_d$일 때, 공동은 공진하며 슬릿의 복사 전력(P_{slit})은 최대가 된다. 그 길이 값은 마이크로 스트립 안테나 이론에서 전송선 모델(참고 자료 [13] 참조)로부터 구한 값인 $0.464\lambda_d$와 비교할 만한 값이다(참고 자료 [16] 참조).

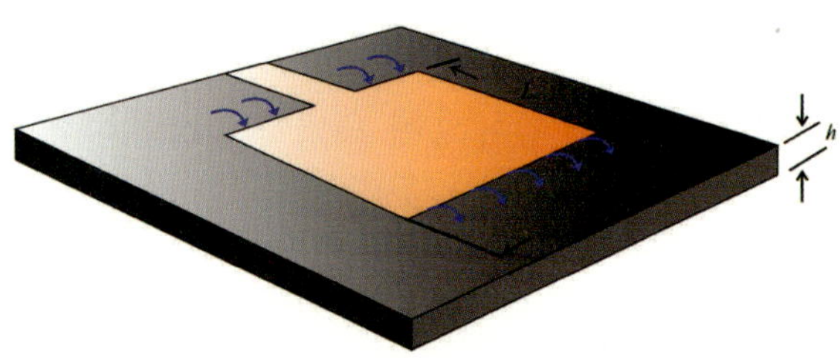

(a) 마이크로 스트립 패치 안테나

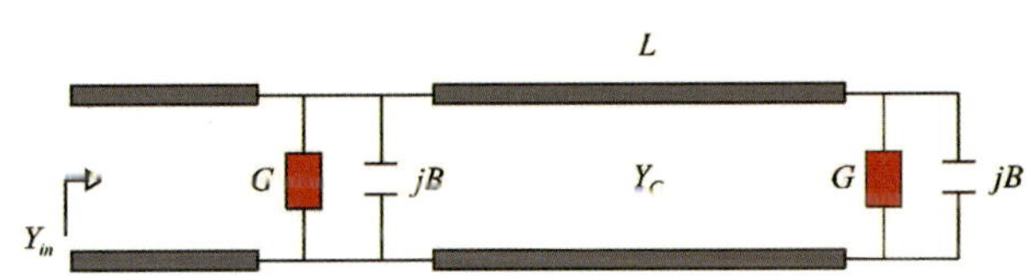

(b) (a)구조의 등가회로

그림 2-17. 구형 마이크로 스트립 패치 안테나 구조와 그 등가회로, 공진될 때 $L \cong (1-2B/\pi)\lambda_d/2,\ Y_{in} = 2G$

잠시 그 내용을 보다 상세히 살펴보자. 그림 2-17(a)에 구형 마이크로 스트립 패치 안테나 구조와 그 등가회로가 도시되어 있다. 패치 안테나가 공진될 때, 패치의 길이(L)는 $\left(1-2Im[\overline{Y_L^e}]/\pi\right)\lambda_d/2$(참고 자료 [13] 참조)이다(단, $\overline{Y_L^e}$은 패치 오른쪽 끝에서의 복사 어드미턴스($\overline{Y_L^e} = G + jB$)를 패치를 전송선으로 보았을 때, 전송선의 특성 어드미턴스(Y_c)로 정규화한 값이다. 또한 $Im[\,\bullet\,]$은 해당 복소수의 허수 성분이다). $Im\left[\overline{Y_L^e}\right]$ 값은 참고 자료 [13]의 그림 (5)에 있는 B/Y_c와 같고, 그 계산 방법은 참고 자료 [7]에 기술되어 있다.

지금까지 평행 평판 도파관의 윗면에 위치한 슬릿에 도체 스트립이 인접하여 공동(cavity)이 형성된 경우의 전자기 결합 현상을 다루었다. 이러한 형태를 공진형 복사(cavity type radiation) 구조라고 하는데, 일반적인 구형 마이크로 스트립 패치 안테나의 복사원리에 해당된다. 기생형(parasitic type) 복사는 앞에서 다룬 공진형 복사와 대조되는 개념으로, 이러한 기생형 복사의 대표적인 예로서 야기 안테나에서 도파기(director) 구조를 들 수 있다.

앞에서 다루었던 평행 평판 도파관의 윗면에 위치한 좁은 슬릿에 도체 스트립이 인접하여 공동이 형성된 전자기 결합 현상에서 최대의 복사가 일어날 조건이나 이러한 조건하에서의 도체 스트립의 공진 길이 L에 대한 표현식의 관점에서 몹시 유사한 물리적 내용을 갖는 문제가 있다. 참으로 흥미로운 문제인데, 그림 2-18에 도시된 바와 같이 두께가 있는 도체 스크린에 있는 좁은 슬릿 문제(참고 자료 [17] 참조)가 바로 그것이다. 앞서 다루었던 문제에서 공진 조건이 만족될 때의 도체 스트립의 공진 길이 L과 그림 2-18에서 왼쪽에서의 입사 전력이 좁은 슬릿 구조를 지나 최대로 오른쪽으로 투과되는 조건이 만족될 때의 도체 스크린의 두께 L이 거의 동일한 값을 갖는다는 것은 기억할 만한 가치가 있다. 두 구조 간의 차이점이라고는 오직 전자의 경우 도체 스트립의 양쪽 끝 개방 종단에 대한 복사 어드미턴스를 후자의 경우, 즉 두께가 있는 도체 스크린의 좁은 슬릿을 통하여 일어나는 투과 공진 문제에서는 플랜지가 있는 양쪽 개구에서의 복사 어드미턴스로 대체하기만 하면 된다는 것이다.

이미 언급한 바와 같이 그림 2-18에 도시되어 있는 두께가 있는 도체 평판의 좁은 슬릿을 통한 투과 공진 문제와 전술한 평행 평판의 윗면에 위치한 좁은 슬릿에 인접한 도체 스트립으로 구성된 공진기형 복사(cavity type radiation) 문제는 근본적으로 같다. 왜냐하면 공진조건이 만족될 때, 공동(cavity)이 형성되어 투과 전력(전자의 경우)과 복사 전력(후자의 경우)이 최대가 되기 때문이다. 단지 급전하는 지점의 위치만이 다를

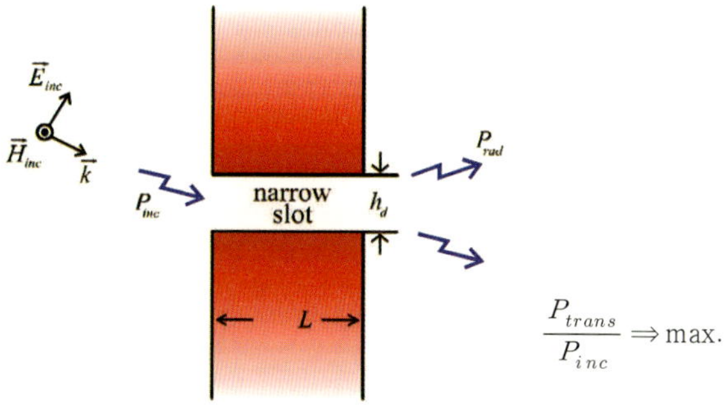

그림 2-18. 두께가 있는 도체 평판의 슬릿을 통한 투과 공진 문제($P_{trans}/P_{inc} \Rightarrow$ max.)

뿐이다. 좀 더 상세히 기술한다면, 앞에서 다룬 평행 평판의 윗면에 위치한 좁은 슬릿에 인접한 도체 스트립으로 구성된 공진기형 복사 문제에서 도체 스트립의 공진 길이 L과 지금 다루고 있는 그림 2-18에 도시된 문제에서 도체 스크린의 두께 L은 거의 동일한 값을 지니는 데 반하여 급전부의 위치가 전자의 경우에는 도체 스트립의 아래, 즉 평행 평판 도파관의 윗면에 위치한 좁은 슬릿에 있고 후자의 경우는 좁은 슬릿의 왼쪽 개구, 즉 입사파가 입사되는 쪽의 개구에 있다는 점에 차이가 있다고 보면 된다.

그림 2-12의 구조에서 슬릿의 등가회로 특성에 대하여 다시 한 번 더 그림 2-14를 살펴보라. 그림 2-14에 나타난 것처럼 스트립이 없는 경우에 슬릿의 컨덕턴스 G_1은 매우 작고, 서셉턴스 성분 B_1은 용량성분(capacitive)으로 컨덕턴스보다 크다. 반면에 스트립이 도입되어 공진하는 경우, 즉 슬릿을 통하여 복사되는 전력 P_{slit}이 최대가 될 때, 컨덕턴스는 약 0.43이고, 서셉턴스 값은 원래의 용량성분에 유도성분(inductive)이 추가되어 '0'이 된다. 따라서 어드미턴스의 허수부(서셉턴스 값)가 상쇄되어 공진조건이 만족되고, 복사 전력 P_{slit}이 최대가 된다.

여기에서 만일 도체 스트립과 평행 평판 도파관의 윗면 사이 간격 S를 증가시키면서 슬릿을 통하여 위의 반 공간으로 복사되는 전력 P_{slit}이 최대가 되는 도체 스트립의 길이 L 값과 P_{slit}의 최대값을 찾아보면, 길이 L 값은 서서히 감소하면서 P_{slit}의 최대값은 계속해서 50%를 유지하게 됨을 알 수 있다. 동시에 원래 P_{slit} 의 최대치가 매우 첨예한 두 개의 봉우리 형태(그림 2-19의 점이 표시된 빨간색 실선)를 띠었는데 S가 점차적으로 증가하면서 두 개의 봉우리가 $Z_c/\lambda_d = 0$인 중앙점으로 모이면서 최대치 주위의 형태가 상당히 두루뭉술한 형태(그림 2-19의 점이 표시된 녹색 점선)로 됨을 알 수 있다.

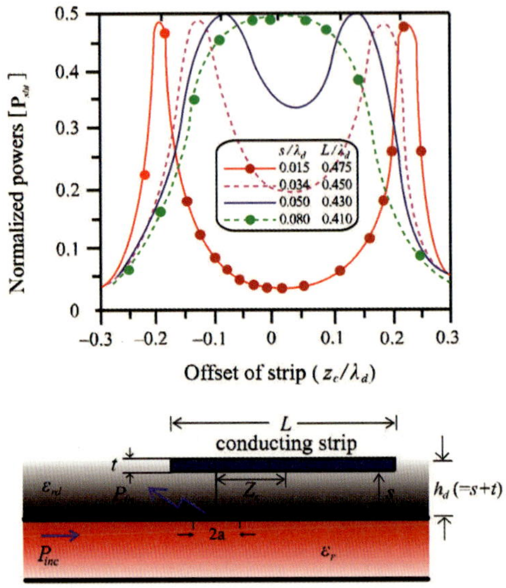

그림 2-19. 스트립과 도파관 윗면의 간격(S) 변화에 따른 P_{slit} 그래프
($\epsilon_r = \epsilon_{rd} = 2.2$, $h = 0.015\lambda(\lambda = \lambda_0/\epsilon_r)$, $h_d = 0.015\lambda_d$, $2a = 0.003\lambda$)

덧붙여 말하면 그림 2-19 구조에서 도체 스트립과 도파관 윗면 간의 간격(S)을 점차로 증가시키면, 그림 2-19의 위쪽 graph에서 알 수 있듯이, S가 작을 때 도체 스트립과 도파관 사이에 공진기(또는 공동)가 구성됨으로써 나타났던 두 개의 첨예한 봉우리(오프셋이 0인, 즉 $Z_c/\lambda_d = 0$인 점을 중심으로 오프셋의 크기가 대략 $|z_c/\lambda_d| = 0.2$를 갖는, 대칭인 두 지점에서 나타나는) 사이 영역에서, 원래 P_{slit} 값이 매우 작았던 중심 부분이 서서히 부풀어 오른다. 이와 동시에 두 개의 P_{slit}의 봉우리가 서로 접근하여 뭉쳐지면서 공진기 형태(cavity type)의 복사와는 다른 형태 즉 기생형(parasitic type) 복사로 변하게 된다.

따라서 이러한 기생형 복사의 경우, 오프셋이 0인 위치에서 P_{slit}이 최대가 된다. 또한 오프셋이 0인, 즉 $Z_c/\lambda_d = 0$인 위치에서 P_{slit} 값의 변화가 둔감하여 $|Z_c/\lambda_d| \leq 0.1$ 범위에서 일정한 값을 갖는다. 이러한 관찰로부터 기생형 복사(parasitic type)가 일어나

는 구조에서 슬릿의 어드미턴스 변화는 공진형 복사의 그것과 차이가 있음을 기대할 수 있다. 즉 기생형 복사가 일어날 때, P_{slit}이 최대가 되는 지점 근처에서 슬릿의 컨덕턴스와 서셉턴스는 오프셋의 변화에 대하여 변화가 매우 둔감하며(stationary), 각각 두루뭉술한 최대값과 최소값을 갖는다.

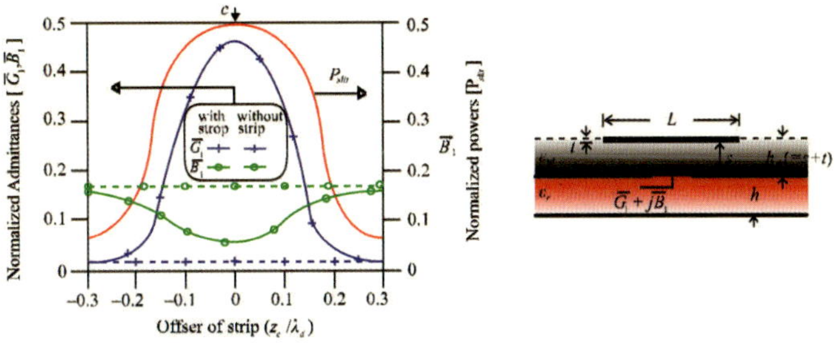

그림 2-20. 오프셋 변화에 따른 슬릿의 컨덕턴스($\overline{G_1}$), 서셉턴스($\overline{B_1}$), 투과 전력(P_{slit}) 그래프($\epsilon_r = \epsilon_{rd} = 2.2$, $h = 0.015\lambda$, $2a = 0.003\lambda$, $S = 0.054\lambda_d$, $L = 0.4\lambda_d$, $t = 0.002\lambda_d$)

그림 2-20으로부터 알 수 있듯이 기생형 복사도 앞에서 다룬 공진형 복사처럼 복사효율이 최대한 50%가 됨을 기억하자. 기생형 복사는 공진기형 복사에 비해서 슬릿으로부터 스트립을 향하는 브로드사이드(broadside) 방향으로 지향성이 더 좋다. 두 경우의 지향성을 비교하기 위해서 그림 2-21에 스트립이 없는 경우(실선), 기생형 복사(점선), 그리고 공진기형 복사(점이 표시된 실선)의 복사패턴을 도시하였다. 기생형 복사의 경우 공진기형 복사에 비하여 복사 패턴상의 지향성이 좋아진다는 사실과 야기-우다 배열 안테나(Yagi-Uda array antenna)에서 도파기(director)의 역할 또한 지향성을 개선시키는 목적으로 사용된다는 사실을 물리적으로 같은 맥락에서 이해하는 것도 유익할 것이다(참고 자료 [16] 참조).

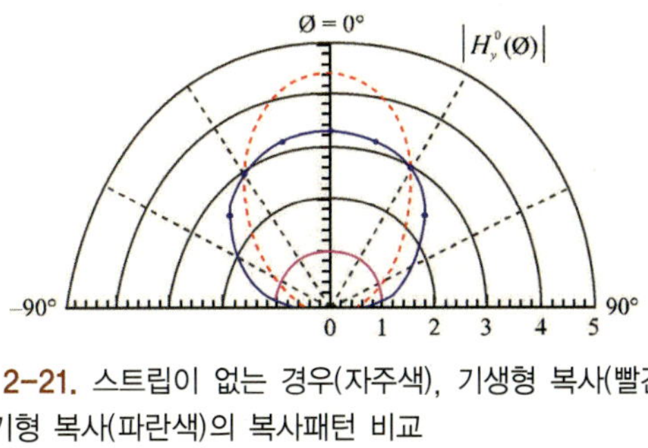

그림 2-21. 스트립이 없는 경우(자주색), 기생형 복사(빨간색), 공진기형 복사(파란색)의 복사패턴 비교

다시 한 번 더 정리하면 기생형 복사 구조에서는 간격(S)을 늘이고, 공진길이(L)를 줄임으로써 공진기형 복사 구조보다 슬릿에서 도체 스트립 방향(broadside 방향)으로의 지향성이 개선된다. 따라서 전술한 바와 같이 이러한 도체 스트립은 야기-우다 배열 안테나의 기생 도파기(parasitic director)와 같은 역할을 한다. 여기에 이러한 복사 형태를 기생형 복사로 부르는 이유가 있다. 기생형 복사 구조는 유전체의 두께가 커지면 표면파 문제(surface wave problem)가 발생하게 되는데 자세한 사항은 참고 자료 [8]과 [16]을 참고하라.

지금까지는 평행 평판 도파관 윗면의 좁은 슬릿 근처의 위쪽에 위치한 도체 스트립이 놓여진 경우의 복사(radiation) 문제를 다루었다. 구조를 변형함으로써 슬릿의 복사 특성이 달라지는데, 크게 기생형 복사와 공진기형 복사로 분류하여 각각의 특성을 알아보았다.

지금까지는 복사효율(P_{slit}/P_{inc})이 최대 50%인 구조를 살펴보았다. 이제부터는 복사효율(P_{slit}/P_{inc})이 100%로서 완전 정합이 구현될 수 있는 3가지 구조를 살펴보고자 한다. 또한 제4장에서는 이러한 세 가지 구조에서의 임피던스 정합(impedance matching)의 물리적 메커니즘과 최근의 나노 기술과 더불어 그 사용이 확대되고 있는 PSTM(photon scanning tunneling microscopy)을 포함한 NSOM(near-field scanning optical microscopy)의 이미징(imaging) 동작원리(참고 자료 [18]~[22] 참조) 간의 상호 관련성과 유사성에 대하여 논의하게 될 것이다.

4. 평행 평판 도파관에 난 좁은 슬릿 근처에 도체 스트립이 놓인 경우, 전자기의 최대 결합(maximum coupling) 현상

앞에서 평행 평판 도파관에 있는 좁은 슬릿 근처에 도체 스트립이 놓인 구조의 두 가지 형태, 즉 공진기 형태와 기생형 복사의 경우, 복사 효율 P_{slit}/P_{inc}이 최대한 50%가 됨을 알아보았는데, 그러한 구조의 변경을 통하여 복사 효율 P_{slit}/P_{inc}이 100%가 되도록 만들어 줄 수 있다. 아래 그림 2-22(a)(참고 자료 [23] 참조)와 그림 2-22(b)에 주어진 구조가 바로 그것이다.

여기에서 그림 2-22(a)에 주어진 구조는, 오른쪽에 도시된 바와 같이 마이크로 스트립 안테나 기술 분야에서 널리 쓰여 온 개구 결합형 마이크로 스트립 안테나(aperture coupled microstrip antenna) 구조를 2차원적으로 단순화한 것이다. 전자기 결합에 의하여 100%의 복사 효율 P_{slit}/P_{inc}이 가능한 또 다른 구조로서 그림 2-22(c)에서와 같이 급전부를 평행 평판 도파관의 플랜지가 있는 우측 종단의 개구로 대체한 구조도 있다.

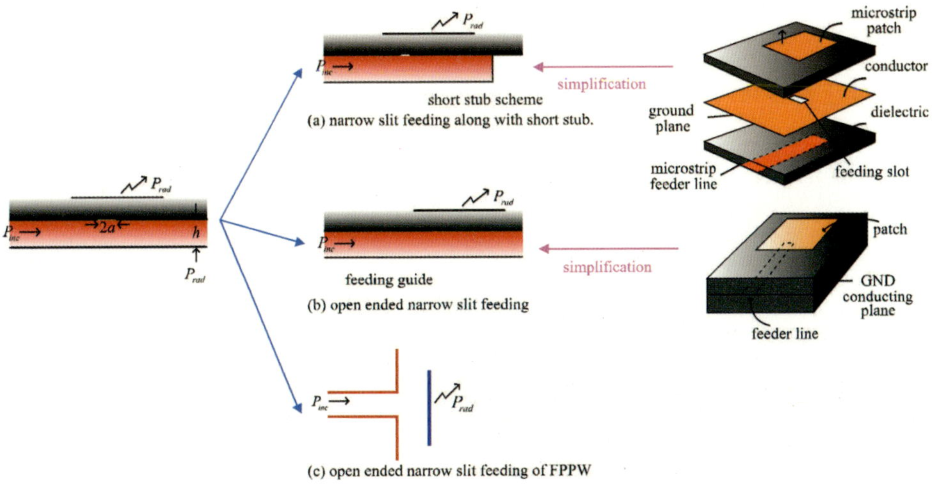

그림 2-22. 완전 정합 구현이 가능한 3가지 구조. 개구 결합형 마이크로 스트립 안테나(a)와 근접 결합형 마이크로 스트립 안테나(b)를 단순화한 구조

그림 2-22에 도시되어 있는 세 가지 구조에서 근접 산란체(nearby scatterer)가 없다면, 각 슬릿은 작은 컨덕턴스 값을 갖는 회로소자와 큰 서셉턴스 값을 갖는 회로소자의 병렬 연결로서 전송선에 종단된 등가회로로 표현될 것이다. 이는 입사파 전력(P_{inc})이 슬릿을 통하여 효율적으로 복사되지 않고 슬롯 근처에 큰 리액티브 에너지가 축적되어 있음을 의미한다. 즉 작은 컨덕턴스 G 값과 큰 서셉턴스 B 값으로 구성된 $G+jB$로 표현될 수 있음을 의미한다.

이때 근접 산란체를 슬릿 근처의 적절한 위치로 가져오면 공진조건이 만족되어 입사파 전력의 복사효율이 매우 개선되어 임피던스 측면에서 완전 정합이 달성될 수 있다. 이번 절에서는 이러한 완전 정합이 달성될 조건, 즉 공진조건과 그때 도체 스트립이 물리적으로 어떤 역할을 하는지에 대하여 살펴볼 것이다. 그림 2-22에 나타난 구조를 해석하는 방법은 적분방정식을 이용하는 것인데 자세한 사항은 참고 자료 [23], [25]를 참고하기 바란다.

4-1. 두 가지 결합 메커니즘 - 공진기형 복사 구조, 기생형 복사 구조

그림 2-22(a)에 완전한 임피던스 정합을 구현할 수 있는 구조의 한 예로서 개구 결합형 마이크로 스트립 안테나의 단순화된 모델이 도시되어 있다. 단순화된 모델에서의 기하학적인 치수 파라미터와 물질 상수가 그림 2-23(a)에, 슬롯에서 위쪽으로 바라다본 등가회로가 그림 2-23(b)에 도시되어 있다.

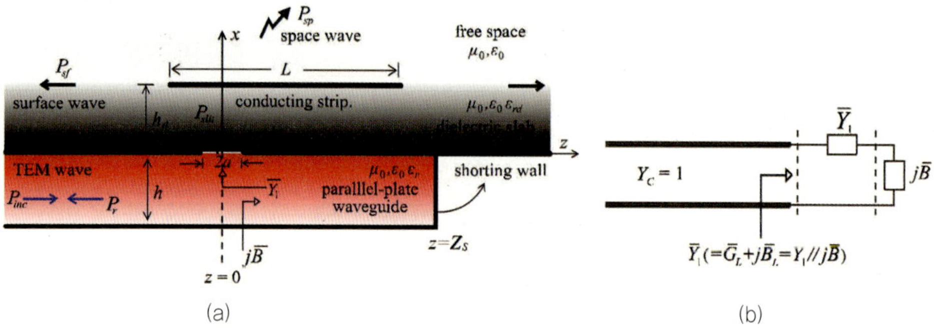

그림 2-23. 개구 결합형 마이크로 스트립 안테나의 단순화 모델과 그 등가회로

평행 평판 도파관 윗면에 있는 슬릿의 중심($z=0$)에서 도파관이 단락된 부분($z=Z_s$)까지의 거리(Z_s)는 대략 반 파장(half wavelength)으로 둔다. 왜냐하면 보통의 개구 결합형 마이크로 스트립 안테나의 급전선은 1/4 파장(quarter waelength) 길이를 갖는 개방 스터브(open stub)로 사용하는 것과 동일한 효과를 주기 때문이다.

기존의 개구 결합형 마이크로 스트립 안테나에서 급전 스트립 라인의 끝부분에 $\frac{1}{4}\lambda$ 길이의 개방 스터브를 사용하여 임피던스를 정합하는 반면, 그림 2-23의 현재 구조에서는 $\frac{\lambda}{2}$ 길이의 단락 스터브를 사용하여 임피던스 정합을 구현하는 것이다. 이러한 이유로 3절에서 논의한 복사효율이 50%인 구조에 반 파장 길이의 단락 스터브(short stub)를 추가하여 완전한 임피던스 정합을 달성할 수 있다. 그림 2-24에 도시된 바와 같이 공진기형 복사 구조는 도체 스트립과 평행 평판 도파관 윗면 사이에 공동(cavity)이 형성되어 강한 모드 전계가 발생되므로 붙여진 이름이다.

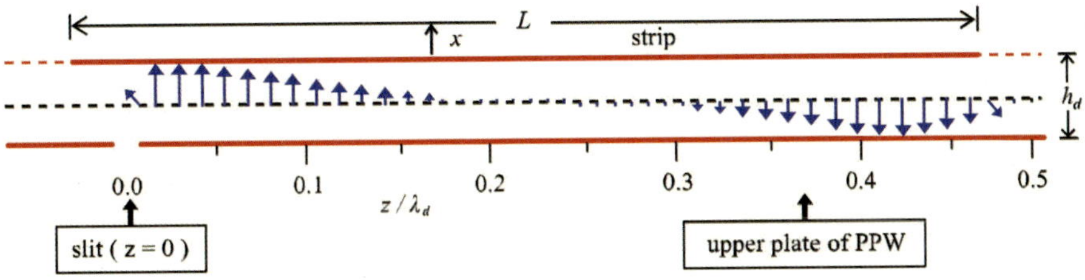

그림 2-24. 공진기형 복사 구조: 도파관 윗면과 도체 스트립 사이의 전계 분포
($\epsilon_r = \epsilon_{rd} = 2.2$, $h = 0.015\lambda$, $2a = 0.002\lambda$, $h_d = 0.066\lambda_d$, $L = 0.417\lambda_d$, $Z_c = 0$, $Z_s = 0.5\lambda$)

이러한 전계 분포는 마이크로 스트립 패치 안테나의 패치 아래의 공진기(또는 공동) 구조에 형성되는 TM_{01} 모드와 같으며 평행 평판 도파관 윗면과 도체 스트립 사이의 간격(h_d)이 매우 가까워서 도체 스트립 바로 아랫부분에 공진 공동(cavity)이 형성되는 경우에만 발생한다. 그림 2-23의 구조가 완전한 임피던스 정합이 될 때, 도체 스트립의 길이(L)는 실제 마이크로 스트립 패치 안테나의 공진 길이와 거의 같다. 보다 깊이 있는 논의는 참고 자료 [16]을 참조하기 바란다.

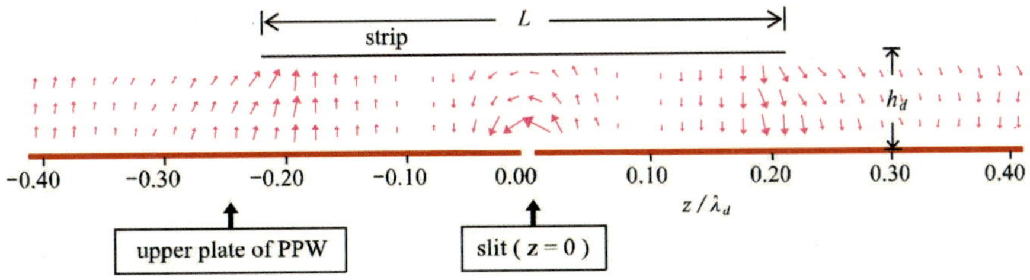

그림 2-25. 기생형 복사 구조: 도파관 윗면과 도체 스트립 사이의 전계 분포
($\epsilon_r = \epsilon_{rd} = 2.2$, $h = 0.015\lambda$, $2a = 0.002\lambda$, $h_d = 0.066\lambda_d$, $L = 0.417\lambda_d$, $Z_c = 0$, $Z_s = 0.5\lambda$)

앞에서 논의한 그림 2-24에서의 공진 모드의 전계 분포와는 달리, 그림 2-25에

도시되어 있는 기생형 복사 구조의 경우, $|z| \le 0.1$의 구간에서, 도체 스트립과 평행 평판 도파관 윗면 사이에 형성되는 전계 분포는 슬릿 양단에 직류 전압원을 인가한 경우의 전계 분포와 유사하여 이는 고주파 수동 소자인 매직티(Magic Tee)의 접합부(junction) 근처의 전계 분포와도 일치한다(참고 자료 [24] 참조).

완전한 임피던스 정합이 달성되는 경우에, 공진기형 복사 구조는 기생형 복사 구조에 비하여 h_d 값은 작고, L 값은 크다. h_d 값이 작으면 도체 스트립과 평행 평판 도파관 윗면 사이에 공동이 형성되어 강한 공진 모드 전자계가 발생한다. 이러한 공진 모드는 도체 스트립 표면에 강한 표면전류를 유기한다. 이런 이유로 그림 2-26에 도시된 바와 같이 공진기형일 때 스트립에 유기되는 전류(실수부와 허수부 모두)가 기생형 복사의 경우 스트립에 유기되는 전류에 비하여 상당히 큰 크기로 유기되는 것이다. 이러한 점에서 두 구조가 갖는 h_d 값의 차이는 전자기 결합 및 복사 특성을 현저히 다르게 한다.

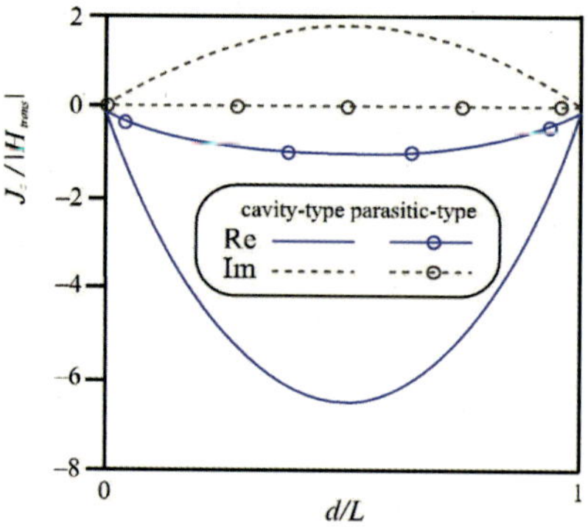

그림 2-26. 도체 스트립에 유기되는 전류 분포 비교

공진형 복사 구조를 완전한 임피던스 정합이 되도록 하는 오프셋 위치(Z_c)는 오프셋이 '0'인, 즉 $Z_c/\lambda_d = 0$인 위치를 중심으로 좌우에 대칭적으로 두 지점에서 나타난다. 왜냐하면 공동 내부에 형성된 TM_{01}모드의 크기는 z방향을 따라 도체 스트립의 양쪽 끝에서 TM_{01}모드 전계의 크기가 최대가 되므로 이러한 위치에 급전 슬릿(feeding slit)을 두어야 전자기 결합이 최대로 일어난다. 이러한 이유로 그림 2-24에서 급전

슬릿의 위치가 대략 도체 스트립의 왼쪽 끝에 도시되어 있는 것이다. 따라서 공진형 복사 구조의 급전 위치는 대략적으로 구형 마이크로 스트립 패치 안테나의 급전 위치와 같다. 자세한 사항은 참고 자료 [9]에서 확인할 수 있다. 반대로 기생형 복사 구조의 급전 위치는 오프셋이 '0'이 되는, 즉 $Z_c/\lambda_d = 0$이 되는 지점이다.

공진기형 및 기생형 복사 구조에서 슬릿의 급전 위치에 따른 임피던스 정합이 달성되는 정도를 살펴보면, 공진기형 복사 구조의 경우가 더 민감하다. 기생형 복사 구조는 $|Z_c/\lambda_d| \le 0.1$의 범위에서 임피던스 정합이 달성되는 정도에 거의 변화가 없다. 이와는 대조적으로 공진기형 복사 구조에서는 슬롯의 위치가 조금만 변하여도 임피던스 정합 특성이 급격히 변한다.

또한 그림 2-27, 그림 2-28에 나타난 것처럼 P_{slit}, $\overline{Y_L}(=\overline{G_L}+j\overline{B_L})$을 주파수의 함수로서 살펴보면 공진형 복사 구조의 대역폭이 상대적으로 상당히 좁은 것을 알 수 있다. 이러한 점은 공진형 복사 구조에 공동(cavity)에서의 공진 특성이 반영된 것이라 볼 수 있다. 기생형 구조는 공진형 구조에 비해서 비대역폭(fractional bandwidth)이 5배 정도 넓기 때문에 Q 값이 그만큼 작게 되는 것이다.

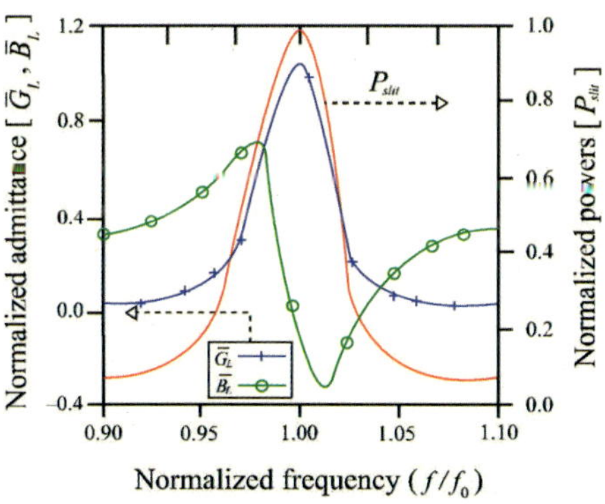

그림 2-27. 공진형 복사 구조에서 주파수에 따른 P_{slit}, $\overline{Y_L}(=\overline{G_L}+j\overline{B_L})$ 그래프

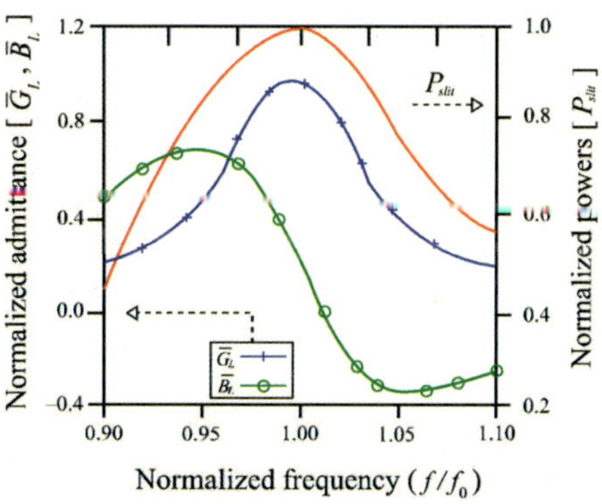

그림 2-28. 기생형 복사 구조에서 주파수에 따른 P_{slit}, $\overline{Y_L}(=\overline{G_L}+j\overline{B_L})$ 그래프

참고로 기생형 복사 구조에서는 그림 2-23에 도시된 바와 같이 위쪽의 유전체 두께 h_d 값이 공진기형 복사에 비하여 상대적으로 커서 원하지 않는 표면파(surface wave)

성분이 발생할 수 있다. 이때 그림 2-23의 유전체 층의 유전상수(ϵ_{rd})를 작게 하여 표면파의 발생을 억제할 수 있다(참고 자료 [16] 참조).

흥미롭게도 앞에서 논의한 공진기형 복사 구조와 기생형 복사 구조의 복사 패턴을 비교하여 살펴보면, 그림 2-29에 나타난 것처럼 기생형 복사 구조의 지향성이 1.8[dBi] 더 향상된다. 이러한 복사 패턴 역시 두 복사 구조의 큰 차이점으로 볼 수 있다. 기생형 복사 구조의 지향성(directivity)이 향상된다는 점은 도체 스트립이 야기-우다 안테나 구조에 있어서 기생 도파기(parasitic director)와 같은 역할을 한다고 볼 수 있다는 근거를 제시하고 있다. 이러한 이유로 기생형(parasitic type)이라는 용어를 사용한다. 한 번 더 강조하건데 공진형 복사 구조는 도체 스트립에 의해서 공동(공진기)이 형성되기 때문에 공진기 형태(cavity type)라는 용어를 사용한다. 지금 여기에서 다루고 있는 두 가지 복사 구조, 즉 공진기 형태의 복사 구조와 기생형 복사 구조에서의 전자기적 결합 현상은, 전술한 바와 같이 복사 패턴이나 임피던스 정합의 대역폭 등의 관점에서는 본질적으로 서로 다르지만 등가회로적 표현의 관점에서 인접 도체 스트립의 역할을 본다면 동일하다고 말할 수 있다. 즉 도체 스트립의 역할이 스트립이 없을 때 슬롯만의 복사 어드미턴스의 실수부, 즉 복사 컨덕턴스를 급전 평행 평판 도파관의 특성 어드미턴스와 같은 값(또는 비교할 만한 값)으로 증가시켜 주고, 동시에 공진 조건을 만족시키기 위하여 유도 성분(inductive)을 추가하여 슬롯 자체만의 용량 성분(capacitive)을 상쇄하여 $\overline{B_1} = 0$이 되도록 해 준다는 점에서 동일하다. 여기에서 $\overline{B_1}$은 인접 스트립(nearby strip)이 있을 때 슬릿에서 위쪽으로 바라다본 어드미턴스의 허수부를 의미한다.

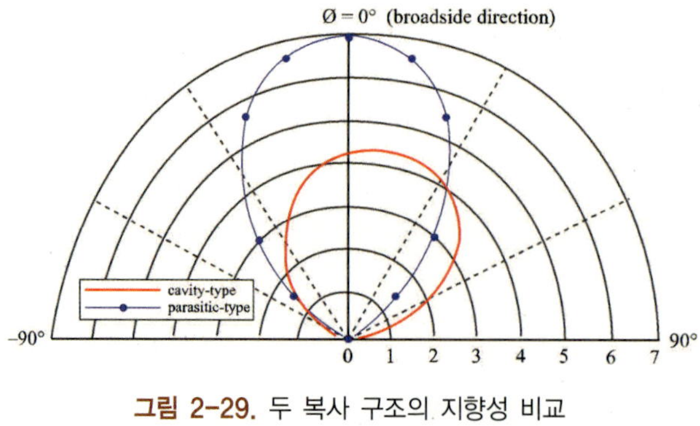

그림 2-29. 두 복사 구조의 지향성 비교

지금까지 그림 2-22(a) 구조에 대한 두 가지 전자기 결합 메커니즘을 공진기형(또는 공진형) 복사 구조와 기생형 복사 구조로 분류하여 논의하였는데, 이러한 논의들은 그림 2-22(b)와 그림 2-22(c)(참고 자료 [25] 참조)의 두 구조에서도 그대로 성립한다. 이러한 맥락에서 이 세 가지 구조에서의 전자기 메커니즘을 두 가지 형태, 즉 공진기형과 기생형 복사 구조로 대별하여 아래 그림 2-30에 도시하였다.

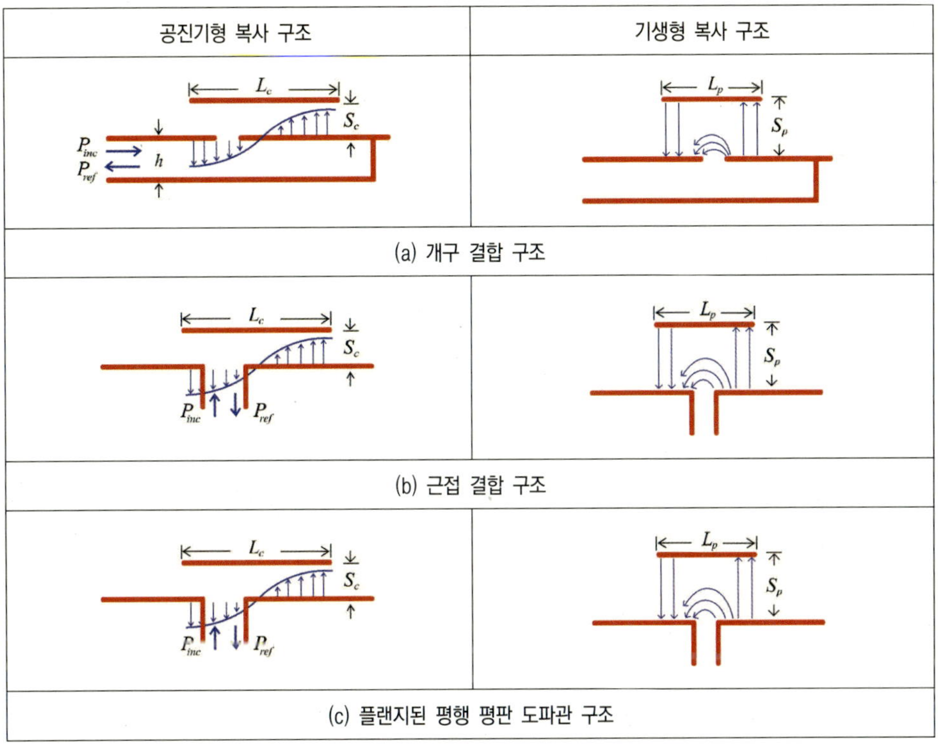

그림 2-30. 세 가지 구조에 대한 공진형 및 기생형 복사 형태의 전계 분포 비교

그림 2-30에서는 세 가지 구조들의 전자기적 결합 메커니즘을 공진기형 복사 구조와 기생형 복사 구조로 분류하여 개념을 도시하였는데 모두 6가지 구조에서, 전술한 바와 같이 슬릿 근처의 인접 스트립의 역할은, 인접 스트립이 없을 때 슬릿 자체만의 어드미턴스의 실수부인 컨덕턴스 값은 급전 도파관의 특성 어드미턴스와 비슷할 정도의 값으로 증가시키고 슬릿 자체만의 어드미턴스의 허수부(용량 성분)를 거의 0으로 만들어 줄

정도의 유도 성분을 별도로 만들어 주어 공진 조건을 만족하게 한다는 점(참고 자료 [26] 참조)에서 세 가지 구조 모든 경우에 대하여 동일하다. 그림 2-30에 도시되어 있는 6가지 구조에서의 급전 도파관의 높이 h는 파장에 비하여 충분히 작으며 슬롯의 폭 또한 매우 작다고 가정하였음을 기억하라. 급전 도파관의 높이 h가 파장에 비하여 충분히 작은 경우에는 매우 좁은 슬릿조차도 개방회로(전자기적으로는 자계벽, 즉 magnetic wall에 해당)와 유사하게 작용한다는 사실을 함께 기억해야 한다.

이러한 좁은 슬릿(오직 슬릿만 있을 때)을 등가회로적으로 표현하면 작은 값의(급전 선로의 특성 어드미턴스에 비하여) 컨덕턴스(G)와 상대적으로 큰 값을 갖는 서셉턴스(B)의 병렬회로로 주어지는데 이러한 회로적인 표현은 슬릿으로 입사한 전력이 슬릿을 통하여 거의 복사되지 못하고 슬릿 주위에 상당한 리액티브 에너지가 축적되어 있음을 의미하는 것이다. 여기에서 슬릿 근처의 축적된 리액티브 에너지는 소멸장(evanescent mode field)의 형태로 존재하게 되는데 이런 경우에 도체 스트립과 같은 산란체가 슬릿 근처의 소멸장 안으로 들어오게 되면 이러한 인접(또는 근접) 산란체에 의하여 슬릿에서 외부로 바라다본 컨덕턴스 값을 증가시키는 동시에, 서셉턴스 값을 중화시키면서 감소시키는 영향을 주게 된다. 따라서 도파관 내의 입사 전력이 슬릿을 통하여 복사되는(밖으로 빠져 나가는) 전력 양이 변화(증대)하게 된다. 이러한 변화량을 센싱(감지)하여 이미징(imaging)할 수 있는데 이러한 원리는 NSOM(near-field scanning optical microscopy)에 적용된다. 앞에서 논의한 그림 2-30의 세 가지 구조가 어떻게 하면 입사파의 대부분을 슬릿을 통하여(근접 산란체의 위치와 크기를 선정하여) 복사시키겠는가 하는 임피던스 정합 문제에 해당되는 반면, NSOM의 경우에서는 인접(또는 근접) 산란체가 바로 이미징하려는 대상(object)으로서 이러한 산란체가 있고 없음에 따라 급전 가이드(도파관), 즉 탐침에서의 입사파의 반사계수가 변함에 따라 이러한 변화를 감지하여 이미징한다는 사실을 생각해 본다면 소형 평면형 안테나(앞의 세 가지 구조에 해당되는)의 임피던스 정합 문제와 NSOM에서의 이미징 문제는 물리적으로 공통된 동작원리를 지닌다고 볼 수 있겠다.

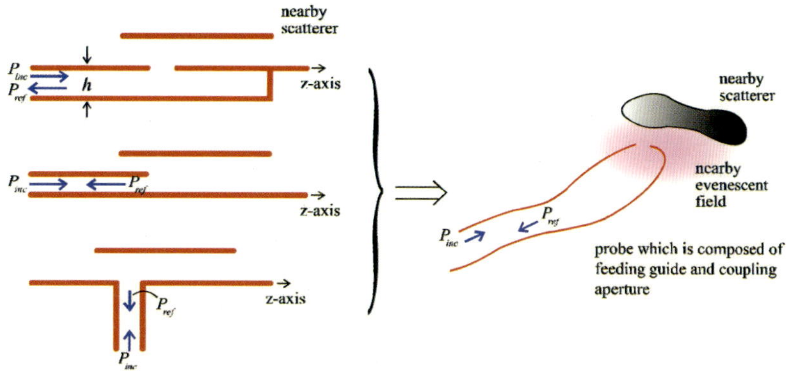

그림 2-31. 전술한 세 가지 구조의 NSOM 적용

그림 2-31의 왼쪽 그림은 한 번 더 강조하기 위하여 전술한 세 가지 구조를 도시한 것이고 오른쪽 그림은 이 세 가지 구조를 NSOM의 동작 원리의 관점에서 한 가지 그림으로 단순화한 것이다. 여기에서 다 같이 생각해 보자. 만약 그림 2-31의 왼쪽의 세 가지 구조에서 도체 스트립(인접 산란체)의 상(image)을 얻어야 하는 상황이라고 가정하자. 그리고 도체 스트립(인접 산란체)은 그림의 위치에 고정되어 있고 도체 스트립 아랫부분의 급전 도파관 부분을 z축을 따라 왼쪽에서 오른쪽으로 주사(scanning)하면서 반사파 전력 P_{ref}와 입사파 전력 P_{inc}의 비율(P_{ref}/P_{inc})을 측정하면 인접 산란체와 슬릿이 가까운 경우의 어떤 특정한 위치에서 그 비율이 최소가 될 것이다. 이러한 변화를 감지함으로써 인접 산란체의 위치를 포함하여 인접 산란체의 크기를 의미하는 상(image)도 얻어 낼 수가 있을 것이다.

지금까지의 임피던스 정합(impedance matching) 메커니즘은 뒤에서 다룰 FTIR (frustrated total internal reflection)의 원리와도 물리적인 내용면에서 비교하여 그 유사성에 대하여 살펴볼 가치가 있다. FTIR의 경우 유전체 도파로의 경계면 외부 근처의 소멸장 영역 내에 근접(또는 인접) 산란체가 놓이게 되면 유전체 도파로 외부로 에너지가 복사될 수 있는데 여기에서 근접 산란체의 예로 들 수 있는 것이 집적 광학 분야에서 널리 쓰이는 프리즘(격자 결합기와 같은 역할을 하는)이 될 것이다. 프리즘이 유전체 도파로 외부의 소멸장 근처에 인접하여 위치하느냐 그렇지 않느냐에 따라서 유전체 도파로의 경계면 내부에서 반사 계수가 변화된다는 사실은 앞서 다룬 그림 2-31의 세 가지 구조의 임피던스 정합 문제에서 급전 슬릿의 근접장 내에 인접 산란체가 있고 없음에 따라 급전부(PPW 구조에 해당되는)에서의 반사계수가 상당히 변화한다는 사실과 물리적으로 동일하다.

참고 자료

1 C. M. Butler and D. R. Wilton, “General analysis of narrow strips and slots,” IEEE Trans. Antennas Propagat., vol. AP-28, no. 1, pp. 42-48, Jan 1980.

2 R. F. Harrington, “Resonant behavior of a small aperture backed by a conducting body,” IEEE Trans. Antenna Propagat., vol. AP-30, no. 2, pp. 205-212, Mar 1982.

3 P. D. Mannikko, C. C. Courtney, and C. M. Butler, “Slotted parallel-plate waveguide coupled to a conducting cylinder,” Proc. Inst. Elect. Eng., pt. H, vol. 139, pp. 193-201, Apr 1992.

4 P. L. Sullvian and D. H. Schaubert, “Analysis of an aperture coupled microstrip antenna,” IEEE Trans. Antenna Propagat., vol. AP-34, pp. 997-984, Aug 1986.

5 J. S. Herd, “Full wave analysis of proximity coupled rectangular microstrip antenna,” Electromagnetics, vol. 11, pp. 21-46, 1991.

6 J. M. Vigoureusx and D. Courjon, “Detection of nonradiative fields in light of the Heisenberg uncertainty principle and the Rayleigh criterion,” Appl. Opt., vol. 31, no. 16, pp. 3170-3177, June 1992.

7 Y. K. Cho, “On the equivalent circuit representation of the slitted parallel-plate waveguide filled with a dielectric,” IEEE Trans. Antennas Propagat., vol. AP-37, pp. 1193-1200, Sept 1989.

8 J. I. Lee, J. H. Ko, and Y. K. Cho, “A note on diffraction and equivalent Admittance properties of a transverse slit in a parallel plate waveguide filled with a homogeneous dielectric,” IEICE Trans. Commun., vol. E86-B, no. 12, pp. 3600-3605, Dec 2003.

9 R. F. Harrington, Time-harmonic electromagnetic fields, pp. 180-186, McGraw-Hill Book Company, N. Y., 1961.

10 I. J. Bahl, “Build microstrip antennas with paper thin dimensions,” Microwaves, pp. 50-63, Oct 1979.

11 N. Marcuvitz(Ed), Waveguide handbook, pp. 183-184, McGraw-Hill book Company, 1951.

12 R. E. Munson, “Conformal microstrip antennas and microstrip phased arrays,” IEEE Trans. Antennas Propagat., vol. AP-22, pp. 74-78, Jan 1974.

13 A. G. Dernryd, “Linearly polarized microstrip antenna,” IEEE Trans. Antennas Propagat., vol. AP-24, pp. 846-851, Nov 1976.

14 M. A. Paesler and P. J. Moyer, "Near - field optics," John Wiley & Sons, 1996.

15 D. W. Pohl and D. Courjon(ed), "Near-field optics," Kluwer Academic Publishers (published in cooperation with NATO scientific affairs division), 1992. Opt. Comm., vol. 175, pp. 265-273, 1 March 2000.

16 J. I. Lee, C. H. Lee, and Y. K. Cho, "Electromagnetic coupling mechanism to a conducting strip through a narrow slit in a parallel-plate waveguide," IEEE Trans. Antennas Propagat., vol. AP-49, no. 4, pp. 592-596, Apr 2001.

17 R. F. Harrington and D. T. Auckland, "Electromagnetic transmission through narrow slots in thick conducting screens," IEEE Trans. Antennas Propagat., vol. AP-28, no. 5, pp. 616-622, Sept 1980.

18 D. Coujon, K. Sarayeddine, and M. Spajer, "Scanning tunneling optical microscopy," Opt. Comm., vol. 71, no. 1, 2, pp. 23-28, May 1989.

19 R. C. Reddick, R. J. Warmack, D. W. Chilcott, S. L. Sharp, and T. L. Ferrel, "Photon scanning tunneling microscopy," Rev. Sci. instrum., vol. 61, no. 12, pp. 3669-3677, Dec 1990.

20 R. C. Reddick, R. J. Warmack, and T. L. Ferrel, "New form of scanning optical microscopy," Phy. Rev. B., vol. 39, no. 1, pp. 767-770, Jan 1989. Opt. Comm., vol. 175, pp. 265-273, 1 March 2000.

21 D. Courjon and C. Bainier, "Near-field microscopy and near-field optics," Rep. Prog. Phys., vol. 57, pp. 989-1028, 1994.

22 C. Girad, C. Joachim, and S. Gauthier, "The Physics of the near-field," Rep. Prog. Phys., vol. 63, pp. 893-938, 2000. IEEE Trans. Antennas Propagat., vol. AP-28, no. 5, pp. 616-622, Sept 1980.

23 J. I. Lee and Y. K. Cho, "Maximum electromagnetic coupling to a nearby conducting strip through narrow and wide slits in a parallel-plate waveguide," IEEE Trans. Antennas Propagat., vol. AP-51, no. 4, pp. 693-699, Apr 2003.

24 L. G. Yoon, J. H. Ko, and Y. K. Cho, "Electromagnetic coupling in aperture coupled and proximity coupled microstrip antenna structure," Proc. IEEE AP-S Int. Symp., pp. 518-521, July 2001.

25 J. I. Lee, J. H. Ko, and Y. K. Cho, "Maximum coupling through a slit in a flanged parallel plate waveguide with a conducting strip," To appear in Proceedings of International Symposium on Antenna and Propagation(ISAP), pp. 589-592, Tohoku university, Sendai, Aug 2004.

26 H. A. Wheeler, "Small antennas," IEEE Trans. Antennas Propagat., vol. AP-23, pp. 462-469, Sept 1975.

두께가 있는 도체 평판conducting screen의 좁은 슬릿을 통한 투과 공진 문제transmission resonance problem

제3장

1. 해석하고자 하는 구조

2. 다루고자 하는 문제

3. 여기에서 다룰 주제와 관련된 기존의 연구들

4. 두께가 있는 도체 평판의 좁은 슬릿의 등가회로 표현

5. 수치해석 결과

6. 논의

참고 자료

이번 장에서는 그림 3-1에 도시되어 있는 바와 같이, 두께가 있는 도체 평판의 좁은 슬릿 구조를 해석하여, P_{trans}/P_{inc}의 비(ratio)가 최대가 되는 투과 공진현상을 살펴볼 것이다. 또한 그림 3-1에 나타난 구조의 투과 공진 조건이 ABR(aperture body resonance) 문제의 투과 공진 조건과 동일하다는 것을 등가회로적인 표현의 관점에서 다루어 본다.

1. 해석하고자 하는 구조

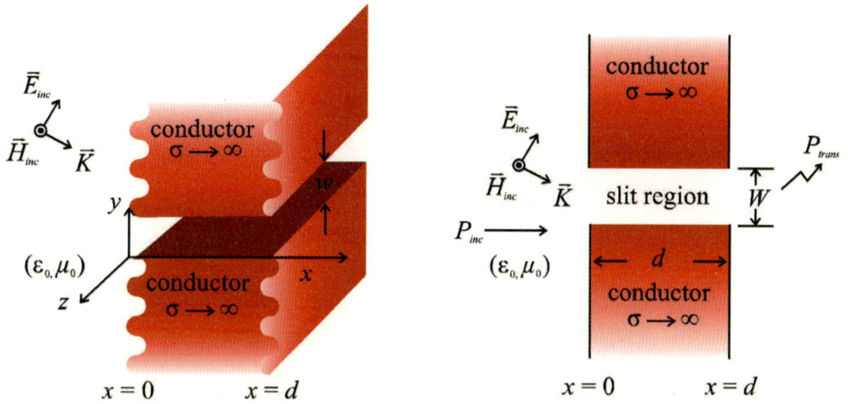

그림 3-1. 두께가 d인 무한 도체 평판을 관통하여 있는 좁은 슬릿 구조의 입체도와 측면도

여기에서 $\vec{E}_{inc}$, $\vec{H}_{inc}$, $\vec{k}$는 각각 입사파의 전계, 자계, 파벡터를 의미한다.

2. 다루고자 하는 문제

여기에서는 '어떤 조건하에서 투과계수(transmission coefficient) $T\left(\equiv \frac{P_{trans}}{P_{inc}}\right)$가 최대가 될 것인가?' 즉 '슬릿을 통하여 투과되는 전력이 최대가 되는 조건이 무엇일까?'라는 문제를 다루고자 한다. 여기에서의 투과계수 T는 참고 자료 [1]에서와 같이, z방향으로 단위 길이당의 슬릿을 통하여 $x \geq d$인 오른쪽 공간으로 빠져나가는 투과 전력을 입사파가 입사하는 쪽에서 z방향의 단위 길이당의, 슬릿에 입사하는 전력으로 나누어서 정의하였는데, 여기에서 z방향의 단위 길이당의 슬릿에 입사하는 전력은 입사파의 포인팅벡터의 크기에 슬릿의 y방향으로의 폭 W를 곱한 값을 의미한다. 따라서 여기에서의 투과계수 T의 물리적인 차원은 무명수가 된다는 사실을 유념하라.

3. 여기에서 다룰 주제와 관련된 기존의 연구들

3-1. 두께가 있는 도체 평판의 개구(slit)를 통한 전자기 결합 문제 해석

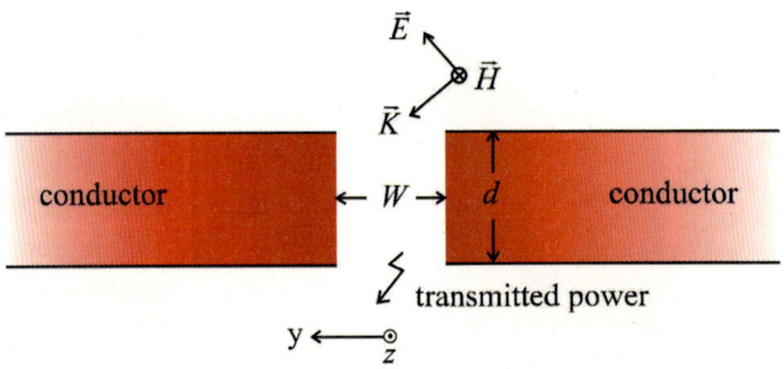

그림 3-2. 두께가 있는 도체 평판의 좁은 슬릿 구조

보통 전자기학 분야에서 슬릿 문제라고 하면 그림 3-2에서 y방향으로의 슬릿의 폭 W가 파장에 비하여 크거나 작거나 또는 비교할 만한 경우를 모두 포함하는, 임의의 폭 W를 갖는 문제를 다루는데, 여기에서는 슬릿의 폭 W가 파장에 비하여 매우 작은 경우(예를 들어 $W \le \frac{\lambda}{5}$인 경우)를 집중적으로 다루고자 한다. 이렇게 슬릿의 폭 W가 파장에 비하여 작아지게 되면 앞 장에서도 다룬 바와 같이 슬릿 내부를 구성하고 있는 평행 평판 구조의 높이(슬릿의 폭 W에 해당되기 때문에)가 파장에 비하여 작은 경우에 해당되어 입출력단의 슬릿의 복사 어드미턴스 값의 크기가 슬릿 내부의 평행 평판 구조에서의 특성 어드미턴스에 비하여 매우 작게 되기 때문에 입출력 슬릿 양단에서의 반사계수가 +1에 가까운 값(자계벽의 경우와 같이)이 되어 입출력 슬릿 내부의 평행 평판 구조가 투과 공진기 구조가 된다.

본 장에서는 이러한 투과 공진기 구조를 모멘트 방법(method of moment)으로 수치해석하여 입출력 슬릿의 복사 어드미턴스 값을 구하고 이를 이용하여 전체구조의 등가회로를 찾아서 본 구조에서 나타나는 투과 공진 현상에 대하여 살펴보고 앞 장에서 다룬 세 가지 구조의 ABR(aperture body resonance) 문제와의 물리적인 공통점에 대하여 논의하고자 한다. 사용된 수치해석 방법은 부록(appendix) 1에 상세히 기술되어 있다. 두께가 없는 도체 스크린의 개구 또는 슬릿에 의한 전자기적인 결합 문제(electromagnetic coupling problem)를 다룰 때는 분극도 개념(polarizability concept)을 사용할 수 있으나 두께가 있는 슬릿 또는 개구 문제의 경우(참고 자료 [1] 참조)는 모멘트 방법(즉 일반화된 어드미턴스 개념)을 사용하는 것이 일반적이다.

3-2. 도체 평판에 있는 슬릿을 투과한 전자기파의 전계 분포 조사

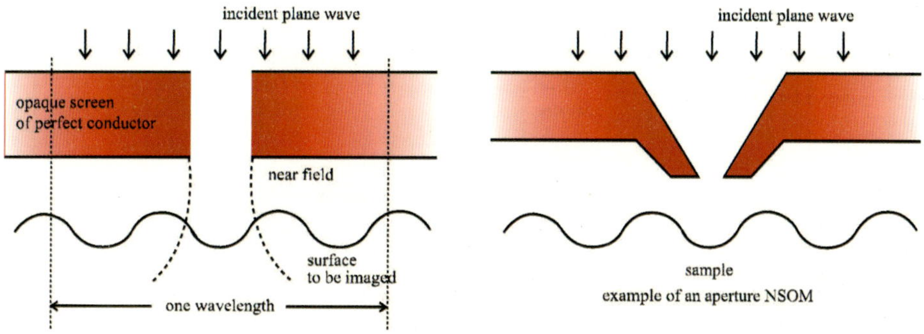

그림 3-3. NSOM에 적용 가능한지를 조사하기 위한 좁은 슬릿 구조

본 장에서 다룰, 두께가 있는 도체 평판의 좁은 슬릿을 통한 투과 공진 현상과 관련된 기존 연구로는 그림 3-3의 우측에 도시된 슬릿이 있는 구조에 의한 투과 특성을 살펴본 연구를 들 수 있다. 이 구조는 NSOM(near-field scanning optical microscopy)의 탐침을 실질적으로 구현할 수 있는 구조로서 연구되었는데, 이 책에서는 편의상 단순화된 구조로서 그림 3-3의 좌측에 도시된 구조를 다루기도 한다. 이러한 연구의 목적은 슬릿의 인접한 영역(그림 3-3의 좌측 구조나 우측 구조)에 다량의 전자기장을 집속할 수 있느냐의 여부를 조사하고 초해상도(super-resolution)를 지닌 근접장 주사 현미경 탐침(near-field super-resolution microscopy probe) (참고 자료 [2]~[4] 참조)의 제작 가능성을 타진해

보려는 것이다.

NSOM의 동작 원리는 다음과 같다. 탐침의 끝 부분 개구(aperture 또는 slit)를 통하여 입사파 선력의 적은 일부가 투과될 때, 탐침 개구 근처의 바깥 영역에는 소멸장(evanescent 또는 reactive field)이 형성된다. 만약 어떤 물체(object to be imaged)가 이 영역으로 들어오게 되면 탐침 내부에서의 반사계수(입사파에 대한)에 변화가 생기는데, 이때 NSOM의 탐침을 주사(scanning)해 가면서 그러한 반사 계수의 변화를 감지함으로써 원하는 표면 또는 물체의 영상을 얻어 내게 된다.

3-3. 파장에 비해 반경이 매우 작은 원통형 구멍이 주기적으로 뚫린 도체 평판에 TM 편광된 전자기파가 입사할 때 전자기파의 투과가 현저히 증가하는 현상(extraordinary optical transmission phenomena)

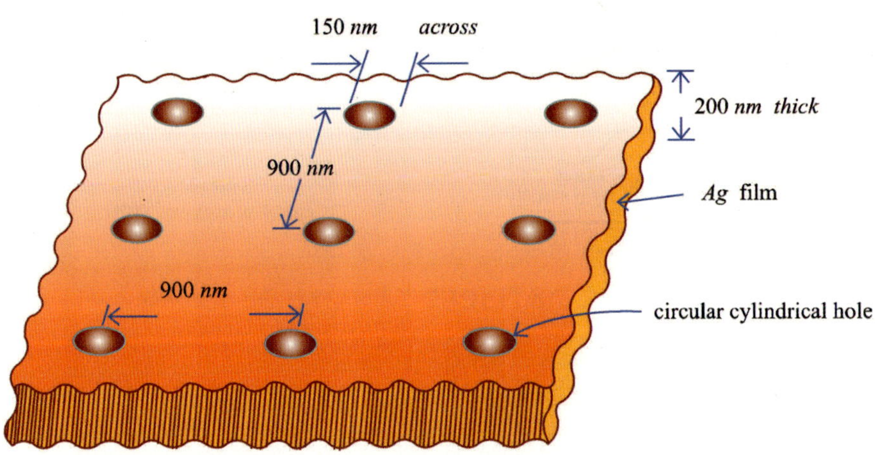

그림 3-4. 다결정 은 박막(polycrystalline silver film)에 원통형 구멍(hole)이 2차원적으로 배열된 구조

은(Ag)과 같은 귀금속으로 된, 두께가 있는 도체 슬랩(slab)에 그림 3-4에서와 같이 원통형 구멍(cylindrical hole)이 2차원적인 주기구조를 구성하고 있고 각 원통형 구멍의 직경은 파장에 비하여 매우 작다고 하자. 이러한 경우에 위쪽에서 입사된 빛(전자기파) 에너지의 상당한 부분이, 원통형 구멍의 2차원적인 주기구조를 투과하여 지나갈 수

있다는 실험적인 연구결과가 발표된 바 있다(1998년도(참고 자료 [5] 참조)에 발표되면서 많은 관심을 끌었다). 특히 원통형 구멍으로 뚫려 있는 면적이 도체 슬랩으로 막혀 있는 면적에 비하여 5%(예를 들어)도 안 되는데 투과파 전력이 입사파 전력의 70~80% 이상(예를 들어)이 된다고 발표되었다(바로 뒤이어서 거의 100%도 가능하다고 알려짐). 더구나 두께가 없는 도체 평판에 있는 개구(또는 hole)의 반경(D)이 파장(λ)에 비하여 작은 경우, 이러한 개구를 통하여 투과할 수 있는 전력은 입사파 전력밀도(즉 Poynting vector의 크기)에 $\left(\frac{D}{\lambda}\right)^2 \cdot D^2$을 곱한 값에 비례하기 때문에, 개구의 반경이 파장에 비하여 매우 작게 되면 투과 전력이 매우 작게 된다는 사실이 오랫동안 널리 알려진 상황에서 1998년의 결과는 EOT(extraordinary optical transmission: 비정상적인 광투과) 현상으로 불리며 엄청난 연구가 촉발되었다. 이러한 방향의 연구로서 그림 3-4의 원래 구조를 단순화한 구조로서 그림 3-5에서와 같이 파장에 비하여 폭이 매우 좁은 슬릿이 주기적으로 있는 단순화된 구조에 관한 연구(참고 자료 [6]~[9] 참조)가 빠른 속도로 진척되었다. 이렇게 단순화된 구조로서, 주기적인 슬릿 구조에서도, 슬릿 폭이 매우 좁아서 슬릿 구조로 뚫려 있는 부분이 도체 슬랩 구조로 막혀 있는 면적의 20% 이하임에도 불구하고 입사파 전력의 거의 100%가 주기적인 슬릿 구조를 통하여 투과될 수 있음을 관찰한 바 있다. 슬릿 문제에서 이러한 100%에 가까운 투과가 일어나는 이면에는 좁은 슬릿 내부에서의 도파관 모드(waveguide mode)와 귀금속 도체 표면에 존재하는 coupled surface plasmon이 중요한 역할을 하는 것으로 밝혀지게 되었다. 그러나 원래 1998년의 구조(그림 3-4의 구조)는 원통형 hole의 2차원적 구조로서, 해석의 편의상 채택되어 연구된(단순화된) 구조, 즉 두께가 있는 도체 슬랩(평판)을 관통하여 있는 좁은 슬릿이 1차원적으로 주기적으로 구성되어 있는 구조(그림 3-5의 구조)와는 본질적으로 다르다. 실제로 단순화된 구조로서 채택된 좁은 슬릿 구조에서는 슬릿 폭이 아무리 작아도 TM 도파 모드(propagation mode)가 존재하는 데 반하여 반경 D가 파장에 비하여 매우 작은 원통형 홀(원래의 구조인) 구조에서는 원통형 홀 주위의 매질이 완전 도체인 경우, 도파 모드가 존재할 수 없다. 따라서 슬릿 구조와 원통형 홀 구조는 주변 매질이 완전 도체인 경우에 도파 모드의 존재 유무 때문에 전혀 다른 도파 특성을 보인다. 그러나 원통형 홀 주위 매질의 유전율이 음수가 되는 경우, 원통형 홀의 직경이 아무리 작아도 도파 모드(참고 자료 [6] 참조)(surface plasmon mode에 해당되는)의 존재 유무로 슬릿 구조와 원통형 홀 구조의 차이점을 규정하는 것은 타당하지 않다.

지금까지 논의에 입각해서 단순화된 구조로서의 슬릿 구조에서는 도파 모드인 TM (또는 TEM) 모드에 의하여 EOT 현상이 나타나게 되고 원래의 원통형 홀 구조에서도 역시 도파 모드인 표면 플라스몬 모드(surface plasmon mode)에 의하여 EOT 현상이 나타난다고 이해하는 것이 타당하다고 생각된다.

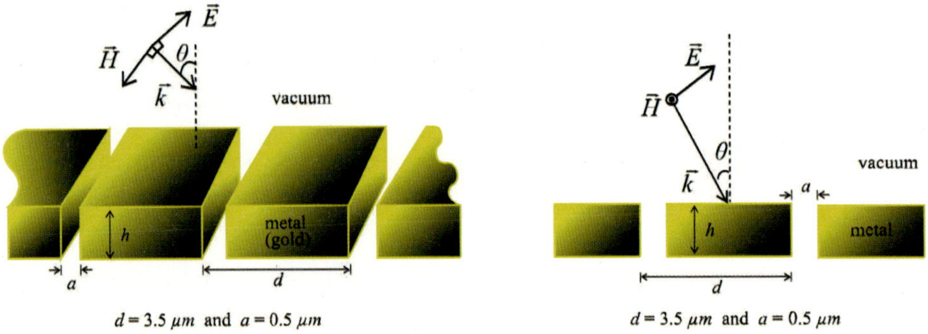

그림 3-5. 라멜라(lamellar) 구조를 갖는 금속으로 된 투과 격자(metallic transmission grating)

계속해서 기존 학계의 설명 방식, 즉 단순화된 슬릿 구조(그림 3-5의 구조)를 사용하여 EOT 현상을 설명한 방식에 대하여 살펴보도록 하자. 먼저 그림 3-5는 두께가 h인 도체 스크린상에 슬릿이 주기적으로 나 있는 구조를 도시하였다. 이때 슬릿 폭 a는 파장 λ에 비하여 충분히 작은 값을 갖도록 가정하였다. 또한 폭 a와 깊이(도체 스크린의 두께에 해당되는) h는 슬릿의 길이 방향을 따라가면서 일정한 값을 갖도록, 즉 격자 구조(이러한 구조를 lamellar 격자 구조라 칭함)가 되도록 선택하였는데 그 이유는 해석상의 편의 때문이다. 그림 3-4에 주어진 원래 구조, 즉 원통형 홀이 2차원적으로 주기적으로 있는 문제를 단순화하여 그림 3-5와 같이 폭(a)이 좁은 슬릿이 1차원적인 구조로서 구성된 문제로 해석하고 어떠한 조건하에서 주기적인 슬릿 구조를 통하여 최대의 투과가 일어나는지를 조사함으로써 그림 3-4에 도시된 원래의 구조, 즉 원통형 홀의 2차원적 주기 구조로 입사한 전자기 에너지가 최대로 투과될 조건에 대한 물리적인 이해를 얻고자 하는 것이다. 여기서 최대라 함은 전술한 바와 같이 의외로 큰 전자파 투과 현상, 즉 EOT(extraordinary optical transmission) 현상(참고 자료 [7]~[10] 참조)을 의미한다.

그림 3-4의 원래 구조에서 EOT 현상이 일어나는 이유를 규명하기 위하여 그림 3-5와 같이 단순화된 구조에서 EOT 현상이 관찰되는 이유를 규명한 결과, 다음과 같이 그 결과를 요약할 수 있다. 즉 두께가 있는 임의의 투과 격자로 입사된 전자파의 투과 에너지가 현저히 증가되는 EOT 현상이 일어나기 위한 조건으로 다음의 두 가지 물리적인 메커니즘을 들 수 있다. 첫째, 입사파의 파장 λ가 격자간의 간격 d와 비슷한 경우에 표면 플라스몬(surface plasmon)이 여기(excitation)되어 그러한 EOT 현상이 일어난다는 것, 그리고 둘째, 격자 구조 d가 파장 λ에 비하여 매우 작을 때 즉 $\lambda \gg d$일 때 슬릿 영역(평행 평판 도파관 형태에 해당되는)에서의 도파관 모드가 여기 되어 그러한 EOT 현상이 일어날 수 있다는 것이다.

상세한 결과로서 아래와 같이 투과율(transmittance)과 포토닉 밴드 구조(photonic band structure)를 살펴보자.

i) 투과율(transmittance)을 파장(λ)의 함수로 나타낸 그래프(여기에서 투과율은 당연히 영차(zero-order) 투과율을 의미한다.)

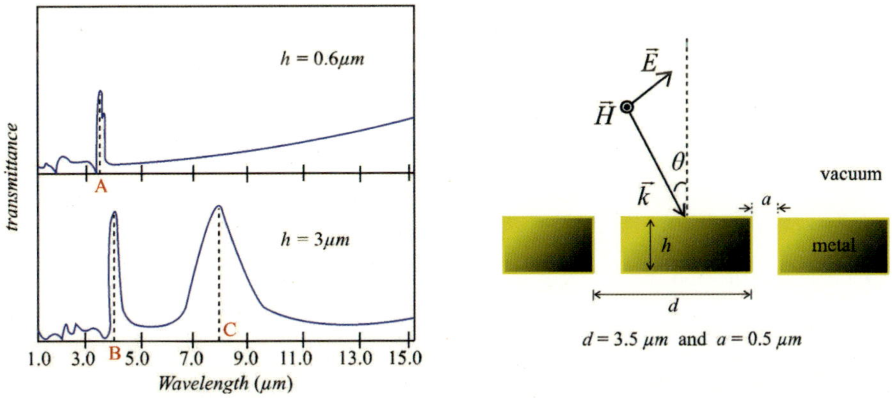

그림 3-6. 라멜라(lamellar) 구조를 갖는 금속 격자로 전자파가 수직 입사할 때, 금속의 두께(h)가 각각 $h = 0.6\mu m$, $h = 3\mu m$인 경우에 대한 투과율(transmittance)을 파장(λ)의 함수로 나타낸 그래프 (격자 간격(d)$= 3.3\mu m$, 슬릿 폭(a)$= 0.5\mu m$)

ii) 포토닉 밴드 구조(photonic band structure)

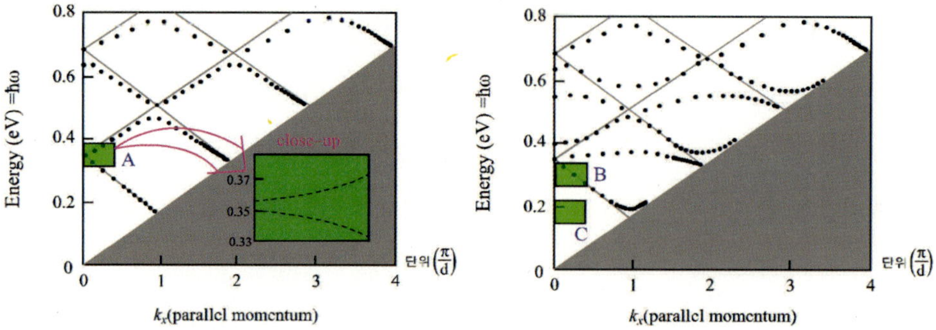

그림 3-7. $h = 0.6\mu m$(왼쪽), $h = 3\mu m$(오른쪽)인 경우에 투과 공진 현상의 원인으로 알려진 표면 플라스몬의 포토닉 밴드 구조(점선). 실선은 $h \to 0$인 극한에 있어서의 표면 플라스몬의 에너지 위치를 나타낸다.

위의 그래프들로부터 투과 공진을 설명하는 두 가지 메커니즘을 살펴보면 다음과 같다.

ⓐ 그림 3-6과 그림 3-7의 점 A, B에서 나타나는(격자 주기 d가 $d \cong \lambda$인 경우에 해당) 투과 피크 현상은 $k_x = 0$에서의 낮은 브랜치(branch)와 관련이 있다. 그림 3-7의 표면 플라스몬 밴드의 에너지와 그림 3-6의 그래프 상에 나타난 투과 피크 현상이 발생하는 지점이 서로 가까이 근접하여 위치하고 있다는 특징으로부터 이와 같은 투과 모드(transmissive mode)는 금속격자의 위쪽과 아래쪽 표면에서 발생한 표면 플라스몬 특성을 갖는 전자기 모드의 여기(excitation)와 관련이 있음을 추론할 수 있다. 따라서 이러한 형태로 발생하는 투과 피크 현상을 표면 플라스몬의 여기에 의한 투과 공진 현상이라고 부른다.

ⓑ 다른 형태의 투과 피크 현상은 h 값이 어느 정도 큰 경우에 발생한다. 점 C에서 나타나는 투과 피크 현상이 그 예이다. 이러한 경우에 강한 전자기 모드가 격자 구조 사이의 슬릿 부분에서 발생한다. 슬릿의 폭(a)이 0에 가까워질수록 공진되는 파장은 $2h$에 접근한다. 이러한 형태로 발생하는 최대투과 현상을 도파관 공진 모드에 의한 투과 공진 현상이라고 부른다.

논의를 계속하면서 유념해야할 점 두 가지를 정리하면 다음과 같다.

Note 1

앞의 두 가지 메커니즘 중에서 후자, 즉 ⓑ의 경우에 해당되는 투과 피크 현상은 제2장에서 논의한 공진기형 복사구조를 갖는 평면형 안테나 구조의 최대투과 현상과 제3장의 뒷부분에서 다루게 될 두께를 갖는 도체 평판에 있는 슬릿을 통한 투과 공진 문제와 근본적으로 같은 문제임을 유념하면 보다 다양한 물리현상을 이해하는 데 통합적인 견해를 지닐 수 있다.

Note 2

원래의 주기적인 배열구조(그림 3-4)에 의한 최대투과 현상은 표면 플라스몬의 여기와 관련이 있지만, 이러한 구조가 EOT(extraordinary optical transmission) 문제를 주는 더 정확한 원인에 대한 연구는 아직도 계속되고 있다(참고 자료 [11] 참조).

어떤 연구자들은 표면 플라스몬이 EOT 현상을 주는 직접적인 원인이 아니라 EOT 현상을 가능케 하는 것은 블로흐파(Bloch wave)의 효과라고 주장하기도 했다(참고 자료 [12] 참조). 최근에 발표된 흥미로운 설명 방식이 있는데 이른바 누설파(leaky wave) 개념을 통하여 설명하고자 한 시도가 있었다. 상세한 논의는 참고 자료 [13]과 [14]를 참조하라. 그리고 본 장에서 다루고자 하는 그림 3-1의 구조해석을 위해서는 적분 방정식 방법(integral equation method)과 MOM(method of moments) 방법을 사용하였는데 상세한 내용은 참고 자료 [1]을 참조하라.

4. 두께가 있는 도체 평판의 좁은 슬릿의 등가회로 표현

여기에서는 먼저 그림 3-8에 주어진 등가회로를 이용하여 슬릿을 통해 오른쪽 반공간($x > d$)으로 빠져나가는 투과 전력을 계산해 보기로 하자. 그림 3-8에 도시된

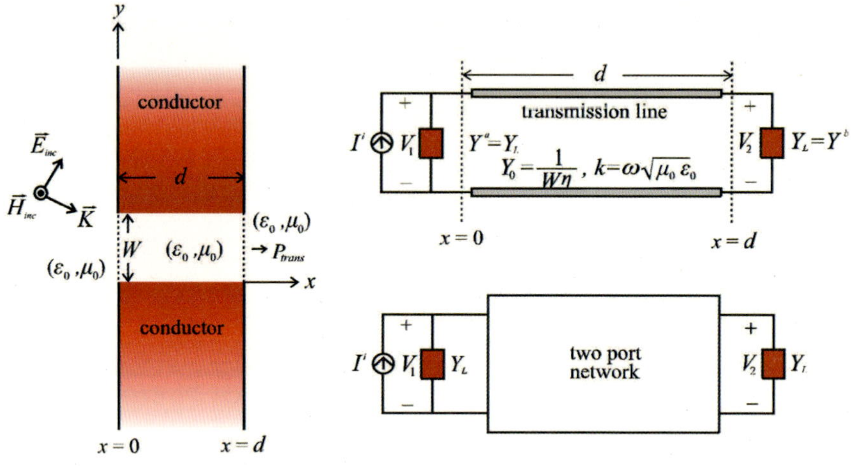

그림 3-8. 해석할 구조 및 그 등가회로

바와 같이 $x < 0$인 영역에서 전자파가 입사하여, $x > d$인 영역으로 투과되는 전력(P_{trans})은 등가회로 상의 부하 어드미턴스 Y_L에서 소비된 전력과 같으며 다음의 식 (1)과 같이 표현된다.

$$P_{trans} = |V_2|^2 Re(Y_L) \quad (1)$$

P_{trans}에 대한 보다 상세한 표현식을 얻기 위해서, 먼저 전달 어드미턴스(transfer admittance) Y_{12}에 관한 식 (2)의 관계를 이용하여 V_2를 Y_{12}와 등가 입력 전류원 I^i로 표현한 식인 $V_2 = \frac{I^i}{Y_{12}}$를 식 (1)에 대입하면 다음과 같은 표현식 (3)을 얻을 수 있다.

$$Y_{12} = \frac{I^i}{V_2} \quad (2)$$

$$P_{trans} = \left| \frac{I^i}{Y_{12}} \right|^2 Re(Y_L) \quad (3)$$

앞의 식 (1)과 식 (2)에서 사용된 V_2(V_1과 I^i와 같은 모든 물리량을 포함하여)는 RMS(root-mean-square) 값을 의미한다는 사실에 유의하라. 그리고 등가 입력 전류원

I^i는 슬릿이 단락(short)된 경우에 전자파가 도체 평판에 유기한 전류(Norton current)를 의미하고, 이 전류는 등가회로 상에서 전류원(current source) 역할을 한다. 여기서 Y_{12}는 이 전류원에 의해서 포트(port) 2에 걸리는 전압(V_2)이 어느 정도인지를 나타내는 전달 어드미턴스(transfer admittance)가 되는데 아래 수식 (4)로 표현된다.

$$Y_{12} = -2Y_L \cos k_0 d - j\left(Y_0 + \frac{Y_L^2}{Y_0}\right)\sin k_0 d \tag{4}$$

식 (4)에 주어진 전달 어드미턴스(Y_{12})를 유도하는 과정은 부록(appendix) 2에 수록되어 있다. 또한 Y_L은 $x = d$에서 오른쪽($x > d$) 영역으로 바라다본 어드미턴스로서 물리적으로는 슬릿의 오른쪽 반 공간에 대한 복사 어드미턴스(radiation admittance)를 의미하지만, 등가회로 상에서는 부하 어드미턴스(load admittance)를 나타내며 아래 식 (5)로 표현된다. 식 (5)에서 상수 C는 $\frac{\gamma}{\pi e} \approx 0.2086\,(\gamma = 1.781,\, e = 2.71828)$이고, Y_0와 k_0는 슬릿 내부의 평행 평판 도파관 구조 내부의 특성 어드미턴스와 파수를 각각 의미하는데 도파관 내에서는 오직 TEM 모드만이 도파가 가능하므로 $k_0\left(=\frac{2\pi}{\lambda_0}\right)$는 자유 공간의 파수와 같은 값을 갖는다.

$$Y_L = \frac{1}{\eta_0 \lambda_0}\left[\pi - 2j\ln\left(Ck_0 W\right)\right] \tag{5}$$

자계 성분이 오직 z축 성분(즉 슬릿의 축 방향 성분)만을 갖는 편파 상태의 평면 전자기파가 도체 평판($x = 0$인 평면)에 수직으로 입사하는 경우, 입사 자계 성분은

$$H_z^{inc} = H_0 e^{-jk_0 x} \tag{6}$$

로서 표현되는데 이러한 경우 왼쪽의 입력 측($x = 0$의) 슬릿에 입사되는, z방향의 단위 길이당 입사 전력 P_{inc}는

$$P_{inc} = \eta_0 |H_0|^2 W \qquad \textbf{(7)}$$

로 주어지고 여기에서 η_0는 자유 공간의 고유 임피던스($\eta_0 = \sqrt{\frac{\mu_0}{\epsilon_0}} = 120\pi = 377[\Omega]$)이고 H_0는 입사 자계의 RMS 값을 의미하며 W는 슬릿 폭을 의미한다. 그림 3-8의 등가회로 왼쪽에 있는 등가 전류원 I^i는 회로이론에서의 Norton 등가 전류원(current source)으로서, Norton 등가 전류의 정의에 따라 $x=0$ 면에서 슬릿을 단락(short)시켰을 때 $x=0$ 면의 원래 슬릿이 있던 위치의 단락된 도체 면에 유기되는 전류를 의미한다. 이러한 경우에 $x<0$인 영역에서는 정재파가 형성될 것이고 이때 $x=0$에서의 자계는 $2H_0\overrightarrow{a_z}$가 되므로 도체 면에서의 전류 $\overline{J}$와 자계 $2H_0\overrightarrow{a_z}$ 간의 관계식인 $\overline{J} = \overline{n} \times \overline{H} = -\overrightarrow{a}_x \times 2H_0\overrightarrow{a}_z = 2H_0\overrightarrow{a}_y$를 얻게 된다. 여기에서 $|\overline{J}|$ 는 z방향으로의 단위 길이당 전류를 의미하며 그림 3-8의 등가회로에서 인가 전류 I^i에 해당되므로

$$I^i = \frac{1}{W}\int_0^W H_Z^{SC}\, dy = 2H_0 \qquad \textbf{(8)}$$

로서 표현될 수 있는데, 여기에서 $H_z^{sc}(-2H_0)$는 $z=0$에서 입력 측 슬릿을 단락(short)시켰을 때 $x=0$에서의 정상파 자계를 의미하며 첨자 z는 전술한 바와 같이 입사 자계가 오직 z성분만을 지닌다는 의미이다.

지금까지 논의에 입각하여 슬릿의 투과 계수 $T \equiv \frac{P_{trans}}{P_{inc}}$를, 위에서 구한 z방향의 단위 길이당 투과 전력 P_{trans}과 z방향의 단위 길이당 입사 전력($P_{inc} = \eta_0|H_0|^2 W$)의 비로서 정의

$$T = \frac{P_{trans}}{P_{inc}} = \frac{4Re(Y_L)}{W\eta_0 |Y_{12}|^2} \qquad \textbf{(9)}$$

로 주어지는데 이 식으로부터 투과 계수(T)가 최대가 되기 위해서는 $|Y_{12}|$가 최소가 되어야 한다는 사실을 알 수 있다.

이제부터 그림 3-8에서 $Y^a = Y^b = Y_L = G_L + jB_L$인 경우에 투과 계수($T$)가 최

대가 되는 조건을 찾아보고자 한다. 먼저 식 (4)에 주어진 Y_{12}로부터 $\{Y_{12}\}$의 실수 성분(real part)와 허수 성분(imaginary part)을 각각 구해 보면

$$Re(Y_{12}) = -2G_L\cos k_0 d + \frac{1}{Y_0}2G_L B_L \sin k_0 d \tag{10}$$

$$Im(Y_{12}) = -2B_L\cos k_0 d - \left(Y_0 + \frac{G_L^2 - B_L^2}{Y_0}\right)\sin k_0 d \tag{11}$$

로 주어짐을 알 수 있다. 그리고 식 (5)에서 Y_L을 실수부(G_L)와 허수부(B_L)로 나누어 $G_L + jB_L$로 표현하고 허수부에 포함된 $\ln(ck_0 W)$ 성분을 $W \to 0$의 극한을 취하면 그 값이 매우 커지게 되어 B_L 값이 매우 커지게 된다. 따라서 슬릿 폭(W)이 매우 작은 경우에 $B_L \gg G_L$의 관계가 성립되고 또한 $Im(Y_{12}) \gg Re(Y_{12})$의 관계도 성립됨을 알 수 있다.

다시 정리하면 투과 계수(T)가 최대인 조건은 식 (9)의 관계에 의해서, $|Y_{12}|$가 최소인 경우에 해당되는데, $|Y_{12}|$가 최소가 되려면 $Im(Y_{12}) = 0$을 만들어 주면 되므로 $Im(Y_{12}) = 0$의 조건을 찾아서 슬릿을 통한 투과 전력을 최대로 할 수 있다. $W \to 0$으로 수렴해 가는 조건하에서 $Y_0 \gg \frac{(G_L^2 - B_L^2)}{Y_0}$의 관계가 성립하므로 $Im(Y_{12})$은 $Im(Y_{12}) \cong -2B_L\cos k_0 d - Y_0 \sin k_0 d$와 같이 근사화될 수 있으며 이 표현식에서 $Im(Y_{12}) = 0$으로 놓고 이 식으로부터

$$\tan k_0 d = -\frac{2B_L}{Y_0} \tag{12}$$

로 주어지는 표현식을 얻게 된다. 위 식에서 $2B_L \ll Y_0$이기 때문에 식 (12)는 근사적으로 $\tan k_0 d = 0$과 같으며, 이로부터 $k_0 d \approx n\pi$가 되어야 함을 알 수 있고 따라서 슬릿을 통하여 투과 전력이 최대가 되는 공진 조건을 만족하는 도체 평판의 두께 d_{res}는

$$d_{res} \approx \frac{n}{2}\lambda_0 \quad , \quad n = 1, 2, 3, \cdots \tag{13}$$

와 같이 주어진다. 여기에서 아래 첨자 'res'는 '공진(resonance)'을 의미하며, d_{res}는 공진이 발생하는 도체 평판의 두께를 뜻한다. $\tan k_0 d$의 값이 0 근처인 경우, 즉 $k_0 d = n\pi$ 근처에서는 $\tan k_0 d$가 선형적으로 변하므로, 입사 전자파가 슬릿을 통하여 최대로 투과하게 되는 공진 투과 시 도체 평판의 두께 d_{res}를 보다 정확하게 다음 식 (14)와 같이 표현할 수 있다.

$$d_{res} \approx (n - \frac{2B_L}{\pi Y_0})\frac{\lambda_0}{2} \quad , \quad n = 1, 2, 3, \cdots \tag{14}$$

또한 투과 공진 현상이 일어날 때, $\cos k_0 d \cong \cos n\pi = (-1)^n$이 되고, $\sin k_0 d \cong 0$이 되므로 식 (10)은 $W \to 0$인 조건(지금 슬릿 폭 W가 좁은 경우를 다루고 있으므로)에서 $Re(Y_{12}) \to (-1)^n \cdot (2G_L)$이 된다. 또한 전술한 바와 같이 투과 공진 현상이 일어날 때 $Im(Y_{12}) = 0$이 되므로

$$|Y_{12}| = |Re(Y_{12})| \tag{15}$$

이 되고, $Re(Y_L)$은

$$Re(Y_L) = G_L = \frac{\pi}{\eta_0 \lambda_0} = \frac{1}{120\lambda_0}[s] \tag{16}$$

로서 표현되므로 좁은 슬릿의 경우, 즉 $W \to 0$인 조건에서 아래와 같은 식 (17)이 만족된다.

$$(T \cdot W)_{res} \to \frac{1}{\pi}\lambda_0 \tag{17}$$

여기에서 $(T \cdot W)$ 값을 투과 폭(transmission width)이라 하고 위에서 본 바와 같이 매우 좁은 슬릿인 경우에는(즉, $W \to 0$인 경우에는) 그 값이 $\frac{1}{\pi}\lambda_0$로 수렴해 간다. 그러니까 슬릿 폭 W가 좁은 경우, 투과 폭 $(T \cdot W)$ 값은 실제적인 슬릿 폭에 상관없이 $\frac{\lambda_0}{\pi}$로

주어지는 값을 갖는다는 사실이 흥미롭다. 더욱 흥미로운 사실은 일단 전술한 투과 공진 현상이 만족되면 실제의 슬릿 폭에 관계없이 $\frac{\lambda_0}{\pi}$의 폭에 입사되는 전자파 에너지가 좁은 슬릿을 통하여 투과되어 반대편 반 공간으로 재복사된다는 것이다. 이렇게 되기 위하여는 입사 측 슬릿 쪽에 깔때기를 통하여 입사 에너지가 모아지는 과정, 즉 초점으로 수렴되는 현상(funneling)이 있어야 한다. 이 점이 흥미롭다. 또한 $\frac{\lambda_0}{\pi}$는 반 파장 다이폴 안테나의 실효 높이(effective height)에 해당된다는 점도 기억할 만한 가치가 있다.

전술한 바와 같이 최근에 무한도체 평판에 좁은 슬릿이 주기적으로 배열된 투과 격자 구조로 전자파가 입사할 때, 의외로 큰 투과 전력이 투과되는 흥미로운 현상에 관한 많은 연구가 있었는데 이 연구가 촉발된 것은 1998년에 Ebbesen(참고 자료 [5] 참조) 그룹에서 EOT(extraordinary optical transmission) 문제를 *Nature*에 발표한 직후였다. 여하튼 Ebbesen 그룹이 발표한 EOT 문제를 보다 명확히 설명하기 위하여 좁은 슬릿의 주기적인 구조로 이루어진 투과 격자 문제와 동시에 좁은 슬릿 구조 하나만으로 구성된 단일 슬릿 문제의 투과 문제로 확대되어 활발한 연구가 진행되어 왔다.

주기적인 슬릿 문제나 단일 슬릿 문제에 의한 투과 문제의 해석을 통하여, 좁은 슬릿을 통한 투과 공진 현상(전자파의 투과가 최대가 되는)이, 이미 앞에서 논의한 바와 같이, 도체 평판의 두께 d_{res}가 대략 입사파의 반 파장의 정수배가 되는 지점에서 주기적으로 나타난다는 사실이 확인되었다. 이는 그림 3-9에서 명확하게 관찰할 수 있다. 이러한 공진현상은 슬릿의 양쪽 끝 부분(그림 3-8에 나타난 $x=0$, $x=d$) 사이의 슬릿 내부에 Fabry-Perot 모드와 같은 정상파가 형성되었기 때문에 발생한다.

그러나 Fabry-Perot 모드가 발생할 조건($\sin k_0 d = 0$, 참고 자료 [15], [16]을 참조할 것)과 지금 다루고 있는, 두께가 있는 도체 스크린의 좁은 슬릿 문제에서 관찰되는 투과 공진 현상이 발생할 조건[식 (14)]은 본질적인 차이가 있다. 후자의 경우, 식 (14)에 표현된 것처럼 공진될 때 도체 평판의 두께(d)가 1/2 파장의 정수배보다 약간 작다. 그러나 슬릿의 폭(W)이 감소하면 두 조건은 거의 같아진다. 여기에서 본질적인 차이라 함은 다음과 같이 명확하게 기술될 수 있다. 일반적인 Fabry-Perot 공진기에서는 공진기 내부 양단에서의 반사 계수가 -1(electric wall에 가까운)에 가까운 값을 지니는 반면,

지금 다루고 있는 두께가 있는 도체 평판의 좁은 슬릿 문제의 경우에는 슬릿 내부의 공진기 구조 양단에서의 반사 계수가 +1(magnetic wall에 가까운)에 가까운 값을 지닌다는 점에서 근본적인 차이가 있다는 점을 유념하는 것이 중요하다.

5. 수치해석 결과

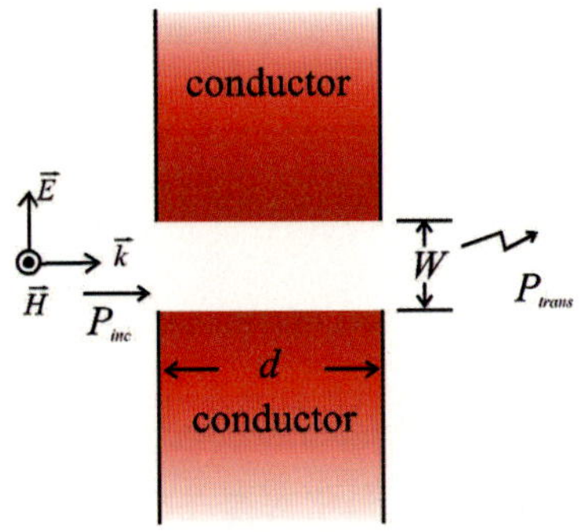

그림 3-9(a) 두께가 있는 도체 평판에 난 좁은 슬릿으로 수직 입사하는 균일 평면파(uniform plane wave)

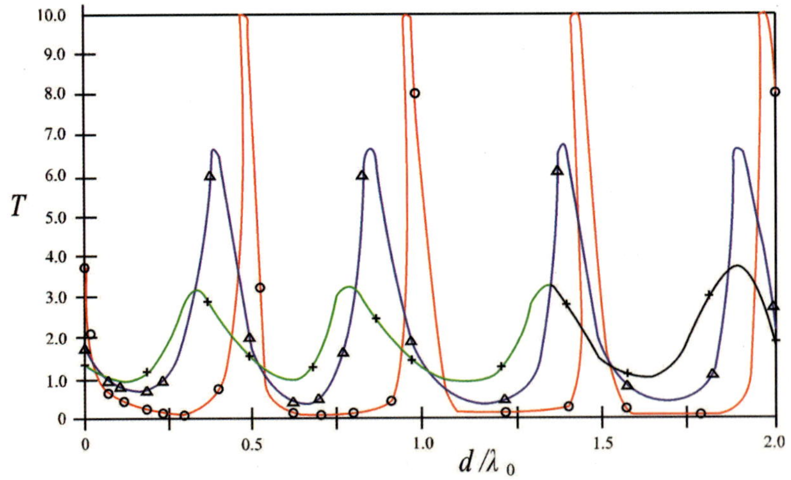

그림 3-9(b) 그림 (a)에서와 같이 수직 입사하는 경우에 대하여 투과계수(T) 대 슬릿 폭(W) 그래프[W=0.1λ_0(pluses), W= 0.05λ_0(triangles), W= 0.01λ_0(circles)]

그림 3-9(a)와 같은 구조에 TM 평면파(자계 벡터가 슬릿의 축 방향와 같은 경우)가 수직으로 입사한 경우에 여러 가지의 슬릿 폭 W 값에 대하여 투과 계수 T에 대한 결과를 그림 3-9(b)에 도시하였는데, 여기에서 중요한 관찰 내용은 다음과 같다. 슬릿 폭(W)이 좁아질수록 투과 공진 길이 d_{res}가 반 파장이나 그 정수배에 가까워짐을 확인할 수 있고(식 (14)를 참고), 동시에 투과 계수 T의 값이 점차적으로 증가하게 됨을 확인할 수 있다는 것이다. 이는 슬릿 폭 W가 작아질수록 투과 공진기의 Q(quality factor) 값이 증대하기 때문이다.

6. 논의

우리는 앞의 그림 3-9에 주어진 결과로부터, 두께가 있는 도체 평판의 좁은 슬릿을 통한 투과 공진 문제에서, 도체 평판의 두께(d)가 대략적으로 $\lambda_0/2$(입사파의 반 파장)의 정수배가 될 때, 투과 계수(T)가 최대가 된다는 사실을 관찰한 바 있다. 본 절에서는 이와 관련된 흥미로운 논의들을 전개해 보고자 한다.

6-1. 개구 결합 마이크로 스트립

전술한 바와 같이 두께가 있는 도체 스크린의 좁은 슬릿에 의한 투과 공진 문제에서 투과 계수(T)가 최대가 되는 점이 $d \approx n\frac{\lambda_0}{2}$일 때, 즉 도체 스크린의 두께 d의 함수로서 주기적으로 나타난다는 사실을 관찰한 바가 있다. 참으로 흥미롭게도 이러한 현상은 제2장에서 알아본 개구 결합 마이크로 스트립 안테나의 최대 결합 문제에서도 나타난다. 여기에서 최대 결합 문제는 최대 복사 문제의 의미를 지닌다.

그림 3-10에 앞에서 다루어 본 구조인 개구 결합 마이크로 스트립 안테나의 단순화된 구조에서 길이가 L_0인 도체 스트립의 위치와 길이를 적절히 선정하여 도체 스트립과 평행 평판 도파관 윗면 사이에 적절한 공진기(cavity)가 구성되어 평행 평판 도파관 구조의 왼쪽에서 입사되고 있는 입사파(P_i)의 거의 100%가 위쪽의 공간으로 복사되고 있다고 하자. 즉, 임피던스 매칭이 완벽히 이루어졌다고 하자. 물론 도파관 위쪽의

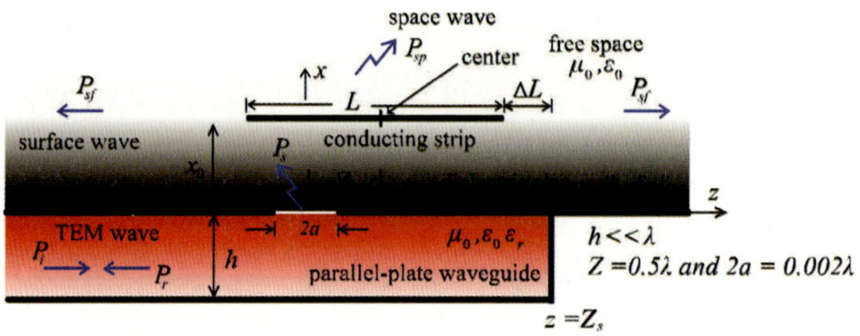

그림 3-10. 개구 결합 마이크로 스트립 안테나의 단순화된 구조

유전체 슬랩을 따라가는 '표면파' P_{sf}도 거의 무시된다고 하자. 이러한 상황에서 도체 스트립의 길이를 $\triangle L$만큼 증가시켜서 도체 스트립의 길이($L_0 + \triangle L$)가 평행 평판 도파관의 위쪽에 있는 유전체 슬랩 내 전파의 반 파장 $\frac{\lambda_d}{2}$의 정수배, 즉 $L_0 + \triangle L = n\frac{\lambda_d}{2}$이 되어도 정확한 임피던스 정합(matching)이 이루어지게 된다. 아래의 그림 3-11은 도체 스트립의 길이가 $L \cong n\frac{\lambda_d}{2}$일 때, 완전 정합이 주기적으로 나타나는 현상을 보여 주는 그래프이다. 모든 기하학적인 치수와 물질 상수는 오른편에 주어져 있다.

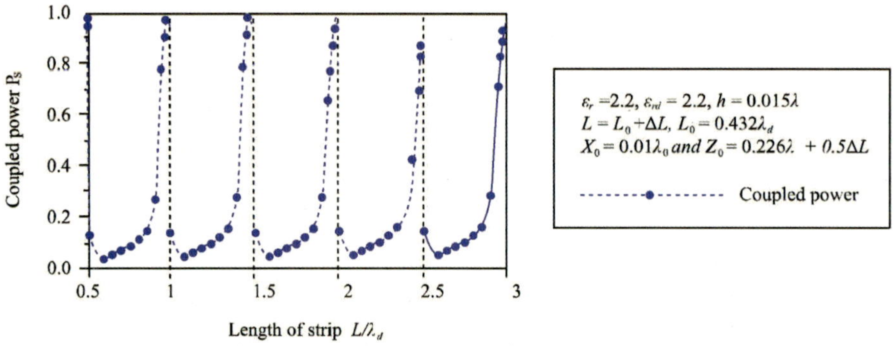

그림 3-11. 슬릿을 통한 투과 전력(P_s) 대 도체 스트립 길이($L = (L_0 + \triangle L)/\lambda_d$)의 그래프($P_s$는 앞의 그림 3-10에서 슬릿을 통하여 빠져나가는 전력을 의미한다.)

6-2. 플랜지된(flanged) 평행 평판 도파관과 도체 스트립의 전자기적 결합(electromagnetic coupling) 현상

그림 3-12의 구조는 우측 종단의 개방 슬릿이 있는 플랜지된 평행 평판 도파관과 도체 스트립의 전자기 결합 문제(즉 복사 문제)를 다루기 위한 구조를 도시한 것이다.

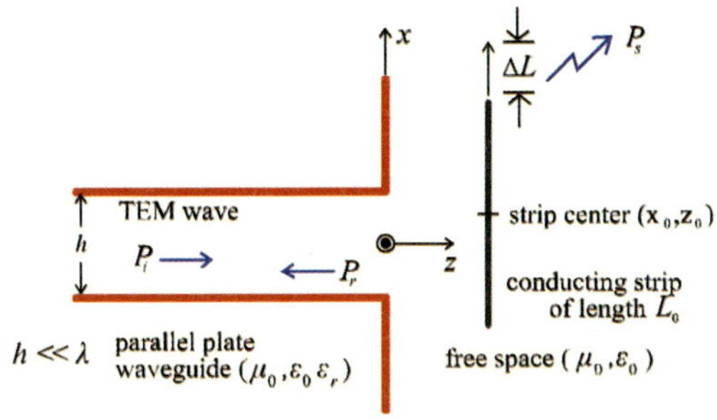

그림 3-12. 플랜지된 평행 평판 도파관과 도체 스트립의 전자기 결합 구조

이 구조의 경우에도 그림 3-10에 나타난 개구 결합 마이크로 스트립 안테나 구조의 단순화된 구조에서와 동일한 현상(도체 스트립의 길이 변화에 따라 완전 정합이 주기적으로 발생하는 현상)이 나타난다. 위 구조에서의 기하학적인 치수와 물질 상수는 그림 3-13의 오른편에 주어져 있다.

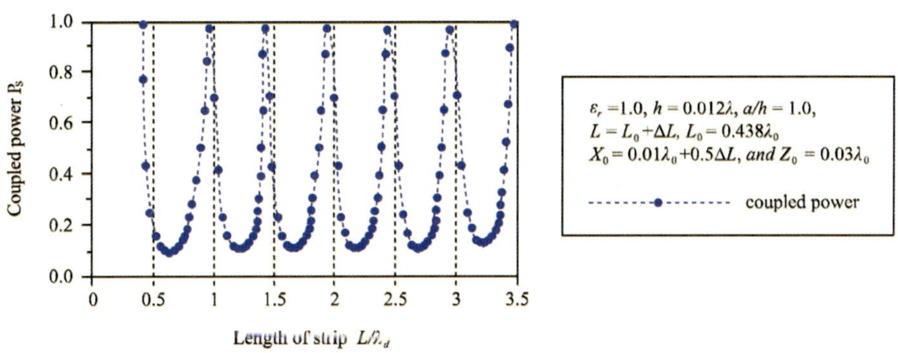

그림 3-13. 슬릿을 통한 투과 전력(P_s) 대 도체 스트립 길이($L=(L_0+\Delta L)/\lambda_d$)의 그래프

한 번 더 강조해도 지나치지 않은 내용이 있다. 그림 3-10과 그림 3-12에 도시되어 있는 두 구조 모두 급전 도파관의 높이(h)가 입사파 파장(λ_0)에 비해 매우 작다는 내용이다. 이러한 경우 그림 3-10의 구조에서 슬릿의 폭($2a$)이 파장에 비하여 매우 좁고 근접 도체 스트립이 없는 경우, 그 슬릿은 개방 회로(open circuit)처럼 동작한다. 이는 여러 번 강조한 바 있다. 즉 입사 전력의 대부분이 슬릿에서 반사되기 때문에 슬릿을 통하여 위쪽 공간으로 복사되는 전력이 매우 적다. 그림 3-12의 경우도 마찬가지로 슬릿(슬릿 폭이 급전 도파관의 높이 h와 같은 경우임)에서 입사파의 대부분이 반사되기 때문에 오른쪽의 반 공간으로 복사되

는 전력이 매우 적다. 그러나 그림 3-10의 구조와 그림 3-12의 두 구조 모두, 슬릿 근처에 도체 스트립 구조가 위치하게 되면, 즉 적절한 치수를 갖는 도체 스트립 구조가 적절한 위치에 놓이게 되면 완전한 임피던스 매칭(정합)이 일어날 수 있다. 즉 급전 도파관에서의 입사파 전력 P_i의 100%가 공간으로 복사되며 완전한 임피던스 정합이 일어날 수 있다. 이러한 경우 슬릿 근처에 근접한 도체 스트립의 역할을 등가회로적인 관점에서 설명한다면 다음과 같다. 즉, 원래 좁은 슬릿만이(인접한 도체 스트립이 없는 상황에서) 갖고 있는 복사 어드미턴스 중의 (매우 작은) 복사 컨덕턴스 값을 키워 주고(급전 도파관의 특성 어드미턴스 값과 비교할 만할 정도로), 동시에 좁은 슬릿만이 지니고 있던 복사 서셉턴스(capacitive 성분이 주가 되는)에 유도 성분(inductive)을 추가하여 어드미턴스의 허수 부분을 중화(neutralization) 또는 상쇄(cancellation)시켜서 공진 투과 현상(또는 임피던스 정합)을 일으키게 되는 것이다.

6-3. 집중 소자(lumped element)를 이용하여 구현된 개구 산란체 공진(aperture body resonance) 구조와 이에 대한 상보적인 구조(complementary structure)

여기에서는 ABR(aperture body resonance) 개념에 대하여 간단히 복습하고 산란체(body) 대신에 집중 소자(lumped element)를 이용하여 구현된 ABR 구조와 이에 대한 상보적인 구조(실생활에서 널리 쓰이는)에 대하여 살펴보고자 한다. 먼저 그림 3-14에

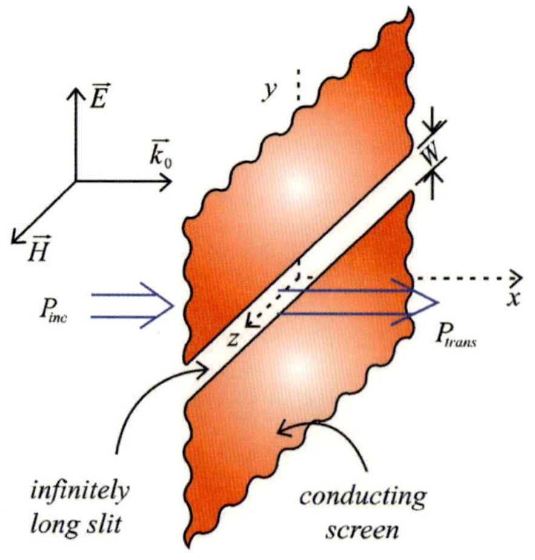

그림 3-14. 무한 도체 평판에 있는 좁은 슬릿 구조

도시된 바와 같이 전체 공간을 두 개의 반 무한공간으로 나누는, 좁은 슬릿(참고 자료 [17] 참조)이 있는, 무한평판 구조에 대하여 생각해 보자.

이 경우에 그림과 같은 입사파 편파의 경우에 대하여 $x=0$에서 오른쪽 영역을 바라본 슬릿 어드미턴스는

$$Y_s = \frac{1}{\eta_0 \lambda_0}\left[\pi - j2\ln\left(Ck_0 W\right)\right], \ \ C = 0.2226$$

로 주어지며 매우 좁은 슬릿($W \rightarrow 0$)의 경우에, $Im\left[Y_s\right]$(서셉턴스)는 $Re\left[Y_s\right]$(컨덕턴스)보다 매우 큰 값을 지닌다. 이러한 경우 그림에서와 같이 왼쪽에서 입사파가 입사하더라도 오른쪽 공간으로 투과되는 전력은 매우 작다. 그러나 만일 그림 3-15에서와 같이 $x>0$인 영역에서 슬릿 근처에 적절한 크기의 인접 산란체(예를 들어 제2장에서 다루었던 바와 같이 도체 스트립과 같은)를 적절한 위치에 놓으면 왼쪽에서 슬릿으로 입사한 전자파 에너지의 오른쪽 반 공간으로의 투과 전력을 현저히 향상시킬 수 있다. 다시 이야기해서 특정한 조건이 만족될 때 슬릿을 통한 투과 전력이 현저하게 증가될 수 있는데, 이처럼 작은 개구(또는 좁은 슬릿) 근처에 기생소자(또는 근접 산란체)를 놓음으로써 투과 전력이 최대가 되는, 즉 P_{trans}/P_{inc}가 최대가 되는 조건을 찾는 전자기적 문제를 'ABR (aperture body resonance)'이라고 부른다. ABR 조건이 만족될 때, 슬릿의 전체 어드미턴스 Y_t의 허수부, 즉 $Im\left[Y_t\right]$이 0이 된다.

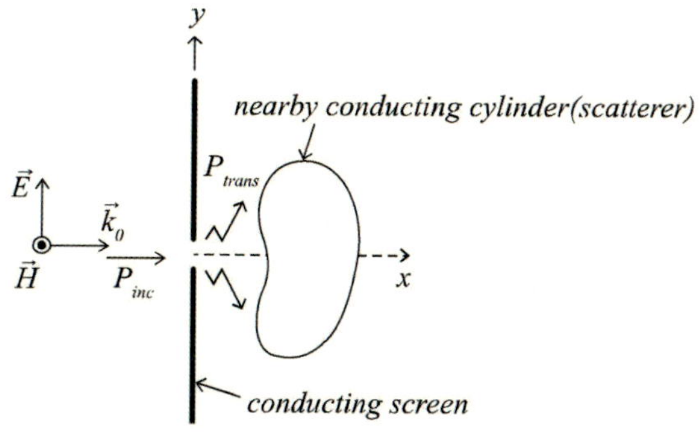

그림 3-15. 좁은 슬릿 근처($x>0$ 영역)에 도체 실린더 형태의 산란체가 도입된 구조

한 예로 아래 그림 3-16에서와 같이 도체 평판에 조그만 사각형(또는 구형) 형태의 개구가 뚫려 있다고 하자. 이 사각형(구형) 개구의 긴 변의 길이가 입사파의 파장에 비하여 충분히 작다고 가정한다. Bethe의 작은 개구에 의한 산란이론(H. Bethe, "Theory of diffraction by small hole," Phy. Rev., Vol. 66, pp. 163-182, 1944)에 의하여 확인할 수 있듯이 이런 작은 개구를 통하여 통과할 수 있는 투과 전력은 매우 작다. 이러한 경우 슬롯 중심의 위아래 지점을 포트(port)로 하여 등가 어드미턴스 $Y_t(Y_t = G_t + jB_t)$를 구하면 컨덕턴스 G_t 값은 매우 작은 데 반해 서셉턴스 B_t는 유도성(inductive)으로서 G_t에 비하여 상대적으로 훨씬 큰 값을 지닌다. 여기에서 등가 어드미턴스 Y_t는 슬롯 중심에서의 전체 어드미턴스를 의미한다.

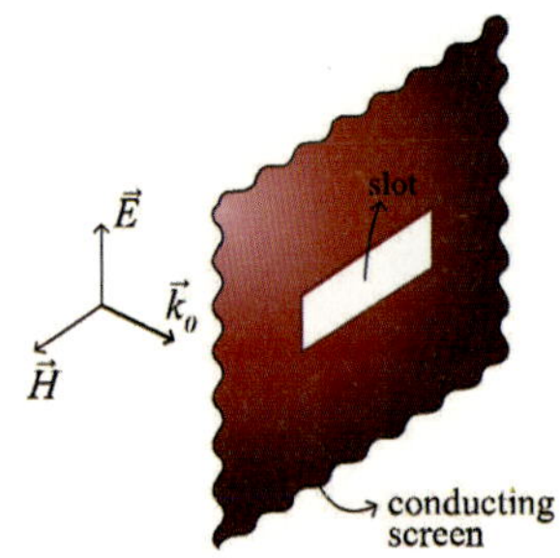

그림 3-16. 구형 개구(rectangular aperture) 구조

만일 슬롯의 중심에 있는 포트에서 왼쪽(또는 오른쪽)의 반 공간을 바라다본 어드미턴스를 $Y_{sh}(= G_{sh} + jB_{sh})$라고 한다면 슬롯 중심에서의 전체 어드미턴스 $Y_t(= G_t + jB_t)$는 왼쪽으로 바라다본 어드미턴스와 오른쪽으로 바라다본 어드미턴스의 합이므로 $Y_{sh}(= 2G_{sh} + j2B_{sh})$가 된다. 즉 $Y_t(= G_t + jB_t) = 2Y_{sh}(= 2G_{sh} + j2B_{sh})$. 여기에서 첨자 '$sh$'는 single half space를 의미하고, G는 어드미턴스의 실수부로서 컨덕턴스를, B는 어드미턴스의 허수부로서 서셉턴스를 의미한다.

그러나 그림 3-17에 도시된 바와 같이 슬롯 뒤쪽의 근처에 도체 와이어(wire) 같은 산란체를 갖다 놓으면, 슬롯을 통한 투과 전력이 크게 증가할 수 있다. 즉 인접한 도체 스트립의 크기와 위치를 적절히 선택하여 줌으로써 ABR(aperture body resonance)

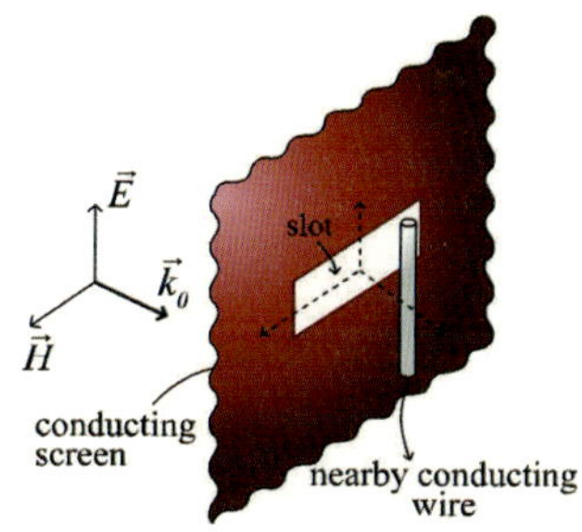

그림 3-17. 산란체(도체)가 근접하여 위치한 구형 개구 구조

조건이 만족되도록 하면 슬롯을 통한 투과 전력이 현저하게 증대하여 최대가 되게 할 수 있다. 이때에는 원래 슬롯이 가진 (슬릿만의) 서셉턴스(inductive)와 도체 와이어를 도입해서 발생한 서셉턴스(capacitive) 성분이 서로 상쇄된다. 따라서 전체 슬롯 어드미턴스(Y_t)는 $2G_{sh}$가 된다. 물론 여기에서 G_{sh}는 슬롯의 중심 포트에서 왼쪽 또는 오른쪽 하나의 반 공간으로 바라다본 복사 컨덕턴스를 의미한다. 하나의 간단한 예제로서 그림 3-15에 도시되어 있는 2차원 슬릿 문제에서 ABR(aperture body resonance) 조건이 만족된다고 하면 전체 슬롯 어드미턴스(Y_t)는 아래의 식과 같다.

$$Y_t = 2Re\left[Y_{sh} \right] = 2G_{sh} = 2\frac{1}{120\lambda_0}$$

여기에서 전체 슬롯 어드미턴스 $Y_t (= G_t = 2G_{sh})$는 선술한 바와 같이 슬롯에서 왼쪽, 오른쪽 반무한 공간을 바라다본 두 어드미턴스의 합($Y_t = 2G_{sh}$)이다. 물론 여기에서 ABR 조건이 만족되면 왼쪽의 입사 전력으로부터 최대의 전력이 슬롯을 통하여 투과하게 되는데 이 경우에는 슬롯의 왼쪽으로 바라다본 복사 서셉턴스와 오른쪽으로 바라다본 서셉턴스가 서로 부호가 다르게 되어 슬롯의 전체 어드미턴스의 허수부가 0이 된다.

그림 3-17에 도시되어 있는 예(example)인 근접 산란체(도체) 대신에 집중소자(lumped element)를 사용하여 ABR(aperture body resonance) 조건을 구현할 수 있다. 이러한 예로서 그림 3-18에 도시되어 있는 것처럼 집중소자(capacitor)를 사용하여

복사 구조(radiation structure)를 소형화할 수 있다.

부언하자면 그림 3-17에서는 슬롯 뒤편 근처에 짧은 길이의 도선을 놓아 투과 전력을 최대로 만들어 주는 구조를 채택하고 있는 반면에 그림 3-18에서는 슬롯 뒤편의 짧은 길이의 도선이 슬롯에 주는 효과를 슬롯 내부의 중심에 집중소자인 커패시터 C를 연결하여 대체한 경우에 해당된다. 그러니까 길이가 반 파장보다 충분히 짧은 슬롯의 중심에서의 입력 어드미턴스는 유도성(inductive)이기 때문에 슬롯의 중심에 용량성(capacitive) 집중소자를 연결하여, 입력 어드미턴스의 허수부를 상쇄시켜서, 투과 공진을 일으킬 수 있는 것이다. 이와는 상보적인 구조(complementary structure)로서 반 파장보다 많이 짧은 도선 안테나의 입력 임피던스는 용량성(capacitive)이므로 이러한 짧은 도선의 중간쯤에 집중소자인 코일을 연결하여 복사 전력을 최대로 만들어 주기도 하는데 그림 3-19에 도시된 바와 같이 일반 승용차 뒤편 트렁크에 설치된 소형 안테나(coil이 장하된 소형 모노폴 안테나)가 이러한 예에 속한다.

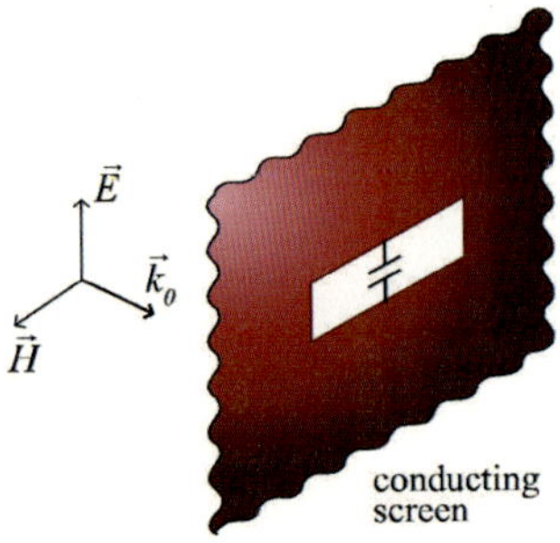

3-18. 용량성(capacitive) 집중소자(lumped element)를 연결한 소형 구형 개구(rectangular aperture)

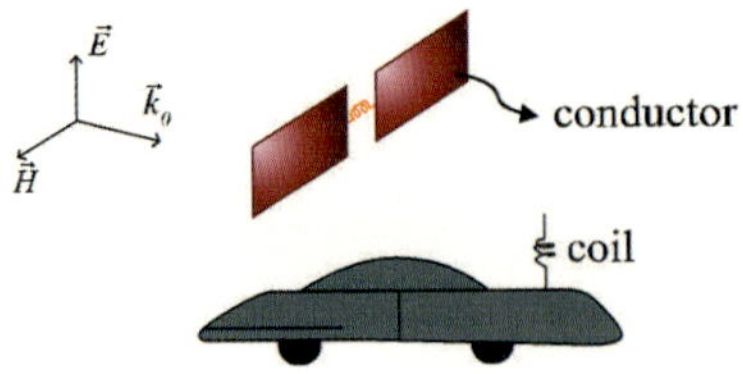

그림 3-19. 그림 3-18과 상보적인 관계에 있는 구조 - 코일이 연결된 짧은 모노폴(monopole) 안테나

6-4. ABR(aperture body resonance)과 TCR(transmission cavity resonance) 현상의 물리적 공통점

우리는 이미 앞에서 두께가 있는 도체 평판의 좁은 슬롯 문제에서 투과 계수(T)가 최대가 되는 투과 공진 조건에 대해 논의한 바가 있다. 그때 도체 평판의 두께가 반파장($\frac{\lambda_0}{2}$)의 배수가 되면 투과 공진 현상이 일어날 수 있다고 했는데 이러한 투과 공진 현상이 일어날 조건과 제2장에서 논의했던 ABR(aperture body resonance) 조건을 동일한 맥락에서 이해할 수가 있다.

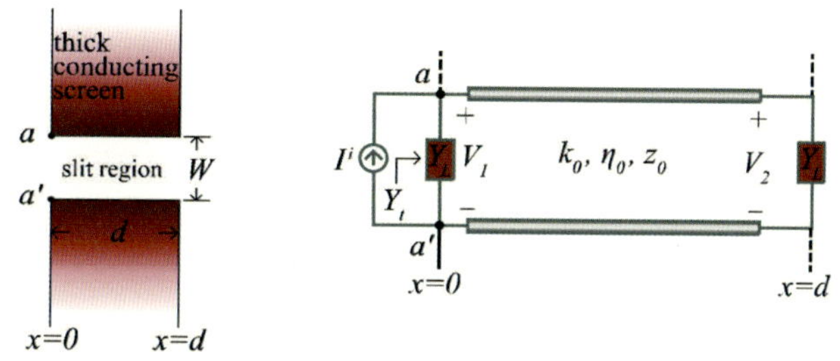

그림 3-20. 두께가 있는 도체 평판의 슬릿 구조와 그 등가회로적 표현

먼저 그림 3-20의 오른편에 있는 등가회로를 살펴보자. 등가회로에서 Y_t는 투과 전력이 최대가 될 때, 즉 투과 공진이 일어날 때, a-a′ 지점에서 오른쪽으로 바라다본 어드미턴스를 의미한다. 앞서 논의한 전달 어드미턴스(transfer admittance) I^i / V_2와 V_1과 V_2 사이의 관계식인

$$\frac{I^i}{V_2} = -2Y_L \cos k_0 d - j[Y_0 + Y_L^2 / Y_0] \sin k_0 d, \tag{18}$$

와

$$Y_{21} V_1 = -(Y_{22} + Y_L) V_2, \tag{19}$$

를 이용하여 기준면인 a-a′에서의 Y_t 값을 다음과 같이 계산할 수 있다.

$$Y_t = \frac{I^i}{V_2} \cdot \frac{V_2}{V_1} = \left(2\,Y_L \cos k_0\, d + j(Y_0 + \frac{Y_L}{Y_0})\sin k_0\, d\right) \cdot \left(\frac{Y_{21}}{Y_{22} + Y_L}\right)$$

여기에서 $Y_L(=G_L + jB_L)$은 $x = d$의 위치에서 오른쪽 반무한 공간을 바라다본 어드미턴스이다. 좁은 슬릿을 통하여 최대의 전력이 투과되는 경우에는 $Im\left[I^i/V_2\right] = 0$이고 $\cos k_0 d \cong 1$이고 $\sin k_0 d \cong 0$이고 $Y_{21}(=-j\,Y_0 \csc k_0 d)$와 $Y_{22}(=-j\,Y_0 \cot k_0 d)$의 크기가 $Y_L(=G_L + jB_L)$의 크기에 비하여 매우 크게 된다.

먼저 투과 공진 시 위의 식 (18)에 대하여 살펴보자. 투과 공진의 경우 $\cos k_0 d \cong 1$이고 $\sin k_0 d \cong 0$이므로 이 식들을 식 (18)에 대입하고 동시에 $Im\left[I^i/V_2\right] = 0$로 주어지는 조건과 $Re(Y_L) = G_L$임을 이용하면, 투과 공진 시에

$$I^i/V_2 = -2G_L$$

이 된다. 식 (19)에서 $|Y_{21}| \geq |Y_L|$의 조건과 $|Y_{22}| \geq |Y_L|$의 조건을 사용하면 $V_2/V_1 = Y_{21}/(Y_{22} + Y_L) \cong -Y_{21}/Y_{22}$가 되고 이 결과 식에 $Y_{21} = -j\,Y_0 \csc k_0 d$와 $Y_{22} = -j\,Y_0 \cot k_0 d$를 대입하여 계산한 결과에 $\cos k_0 d \cong 1$를 대입하면 $V_2/V_1 = -1$이 됨을 확인할 수 있다. 따라서 Y_t를 구하면

$$Y_t = \frac{I^i}{V_2} \cdot \frac{V_2}{V_1} = (-2G_L)(-1) = 2G_L$$

를 얻는다.

이 값($2G_L$)은 도체 평판의 두께가 매우 작은 경우(즉 $d \cong 0$)에 좁은 슬릿 뒤편의 근접한 위치에 도체 산란체를 놓아 ABR(aperture body resonance) 현상이 일어나는 경우에 슬릿에서 왼쪽(입사파가 입사하는 쪽)과 오른쪽(도체 산란체가 놓인 쪽)으로 바라다본 두 어드미턴스의 합과 동일한 값임을 알 수 있다. 따라서 두께가 있는 도체 평판의 좁은 슬릿을 통하여 일어나는 투과 공진 문제와 ABR 문제가 본질적으로 같은 문제임을 확인하게 된다. 다음의 그림 3-21에 도시된 바와 같이, 등가회로적 관점에서

지금 다루고 있는 투과 공진 문제를 살펴보자.

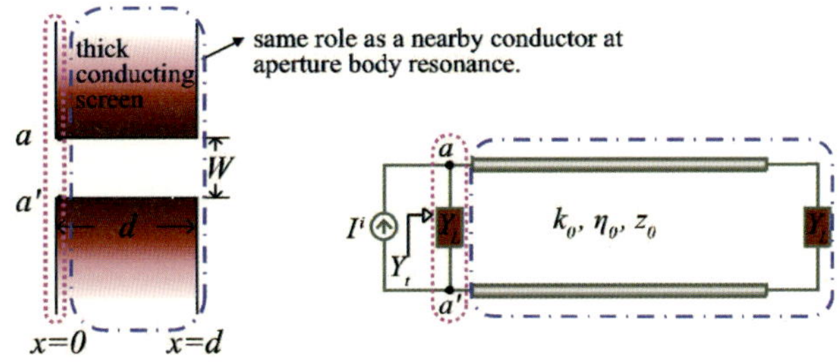

그림 3-21. 슬롯을 통한 투과 공진 문제와 ABR(aperture body resonance) 문제의 물리적 공통점

그림 3-21에서 왼쪽의 입력 쪽 슬릿 부분(실제 구조에서나 등가회로에서 a-a′ 포트를 의미)을 제외한 나머지 부분 즉, 1점 쇄선으로 둘러싸인 부분은 ABR(aperture body resonance) 문제에서 슬릿 뒤편의 근접 도체 산란체와 동일한 역할을 한다. 즉 그림 3-21의 좁은 슬릿의 투과 공진 문제에 있어서는 오른쪽(출력부) 복사 어드미턴스 $Y_L(= G_L + jB_L)$을 슬롯 부분, 즉 평행 평판 도파관에 해당되는 전송선로를 따라 입력 슬릿 쪽으로(거리가 d만큼) 이동한 값이 $Y_L{}^*(= G_L - jB_L)$이 되어 입력 슬릿 측 포트에서 전체 어드미턴스가 $2G_L$이 되고, ABR 문제에서는 근접 도체 산란체가 있는 쪽(오른쪽)으로 바라다본 복사 어드미턴스가 $Y_L{}^*(= G_L - jB_L)$이 되어 슬릿에서의 전체 어드미턴스가 $2G_L$이 된다는 점을 전술한 두 가지 구조에서의 동일한 역할에 대하여 명확히 이해할 수 있다.

특히 그림 3-21에 주어진 문제와 앞에서 다룬 개구 결합형 마이크로 스트립 안테나를 단순화한 구조(그림 2-10)를 비교해 보면 서로 다른 구조임에도 동작원리가 동일함을 이해할 수가 있다. 다시 한 번 더 생각해 보자. 먼저 그림 3-21에 주어진 문제에서 좁은 슬릿을 통한 투과 전력이 최대가 되는 투과 공진 현상이 일어날 때 슬릿 내부(즉 평행 평판 도파관 영역 내에 해당되는)에 강한 공진 모드의 전자계가 공진하고 있음(공진기 형태의 복사의 경우)을 기억하자. 그리고 개구 결합형 마이크로 스트립 안테나의 단순화된 구조에서도 최대의 복사가 일어나면서 임피던스 정합이 이루어지기 위해서는 슬릿 근처에 있는 도체 스트립과 급전부를 이루고 있는 평행 평판 도파관의 윗면 사이에 공진기(cavity) 구조가 구성되어 강한 공진 모드의 전자계가 공진하고 있음도 기억하자. 이렇듯이 그림 3-21의 구조에서 슬릿을 통하여 오른쪽 반 공간으로 투과되는 투과 전력이 최대가 되기 위하여, 그리고 개구 결합형 안테나 구조의 단순화된 구조(그림 2-10)에서 최대의 복사(임피던스 정합)가 일어나기 위하여 반드시 공통적으로 공진기(cavity) 구조가 있어야 한다는 점에서 그림 3-21 구조의 문제(좁은 슬릿을 통한 투과 공진 문제)와 ABR 문제(전술한 바와 같이 개구 결합형 마이크로 스트립 안테나의 단순화된 구조 문제가 ABR 문제의 대표적인 예가 됨을 다시 한 번 기억하라.)가 본질적으로 같은 문제임을 다시 한 번 강조할 필요가 있다. 물론 개구 결합 마이크로 스트립 안테나의 단순화된 구조에서도 공진기(공동) 구조가 형성되지 않고 최대의 복사가 일어날 수 있는 기생형 복사도 있다. 하지만 이 경우(기생형 복사)에도 근접 도체 스트립이 존재함으로써 100%의 임피던스 정합이 가능하다. 지금 다루는, 두께가 있는 도체 평판을 관통하는 좁은 슬릿에서의 투과 공진 현상이 일어나기 위하여 반드시 투과 공진기(transmission cavity)가 형성되어야 한다는 점에서 TCR(transmission cavity resonance) 이란 단어를 사용하여 ABR(aperture body resonance)과 구별하고자 했던 의도도 다시 한 번 기억하자. 즉 ABR의 경우 반드시 개구(또는 슬릿)와 인접 산란체(또는 body)로서 구성된 공진 문제로서 앞서 이야기한 TCR 문제와 개념적으로 차별화하고자 했던 것이다.

6-5. 구형 마이크로 스트립 패치 안테나(rectangular microstrip patch antenna)의 복사 문제와 TCR(transmission cavity resonance) 문제 간의 물리적 공통점

실제 마이크로 스트립 패치 안테나를 급전하는 방법으로서 그림 2-22에 주어진 바와 같이 급전 슬롯을 이용하기도 하고 마이크로 스트립 패치 아래의 접지 도체를 뚫고 동축선의 중심선을 마이크로 스트립 패치에 연결하기도 하고 그림 3-22에서와 같이 마이크로 스트립 급전선로를 마이크로 스트립 패치에 직접 연결하기도 한다. 이러한 마이크로 스트립 패치 안테나 구조에 있어서 중요한 것은 마이크로 스트립 패치 아래에 공진기 구조가 형성되어 강한 공진 모드 전자계가 형성되어 최대의 복사가 되도록 하는 것인데 이를 위하여 마이크로 스트립 선로로 급전하는 경우에 그 급전 위치가 중요하다. 이러한 급전 위치의 선정 방법에는 두 가지가 있는데, 그 하나는 마이크로 스트립 패치에서 복사가 일어나는 변($\overline{ab}$)에 그림과 같이 급전하거나 복사가 일어나지 않는 변($\overline{bc}$나 $\overline{da}$)에 적합한 급전 위치를 선정하여 마이크로 스트립 급전 선로를 연결하는 것이다.

여기에서 그림 3-22의 구형 마이크로 스트립 안테나 구조에서 최대의 복사가 일어나는 조건(참고 자료 [18] 참조)과 그림 3-21에 주어진 두께가 있는 도체 스크린의 좁은 슬릿을 통한 투과 공진 문제 간의 공통적인 물리적 특징(또는 본질적인 유사성)에 대하여 살펴보기로 하자.

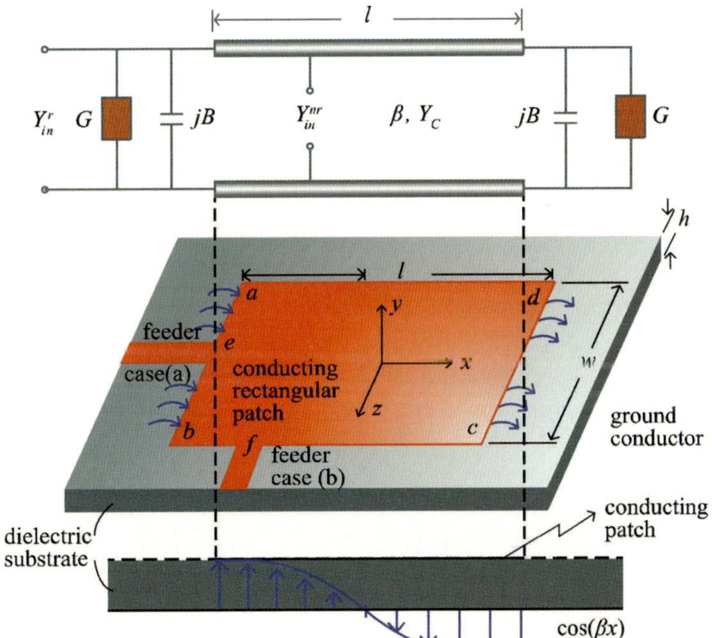

그림 3-22. 구형 마이크로 스트립 패치 안테나 구조, 등가회로, 전계 분포 패턴 ($\overline{ab}$ 또는 $\overline{cd}$: 복사가 일어나는 부분, $\overline{bc}$ 또는 $\overline{da}$: 복사가 일어나지 않는 부분)

먼저 급전되는 위치, 즉 마이크로 스트립 급전 선로가 연결되는 위치가 $\overline{ab}$에 있는 경우를 생각해 보자. 이러한 경우에 구형 마이크로 스트립 패치 아래쪽에 형성되는 기본 모드(TM_{10})의 필드 패턴은 구형 마이크로 스트립 패치 아래 유전체층 내에서 z축을 따라 변하지 않고 일정하다. 왼쪽의 변(edge) $\overline{ab}$ 상에 있는 어떤 위치에서 급전하더라도, 급전 위치에서 패치를 바라다본 입력 어드미턴스 값 Y_{in}^r은

$$Y_{in}^r = G + jB + Y_c \frac{G + j(B + Y_c \tan \beta l)}{Y_c - B \tan \beta l + jG \tan \beta l}$$

로서 급전 위치의 z좌표 값에 관계없이 일정하다. 이는 전계 분포가 z축을 따라 일정하기 때문이다. 여기에서 첨자 'r'은 $\overline{ab}$와 같이 복사가 일어나는 복사 변(radiating edge)에 급전선로가 연결되었음을 의미하고, $(G + jB)$는 양쪽의 복사 변(radiating edge) $\overline{ab}$와 $\overline{cd}$에서의 에지(edge)를 따라 형성된 슬롯의 복사 어드미턴스를 나타낸다. 이러한 입력 어드미턴스(Y_{in}^r)의 허수 성분(imaginary part)이 '0'이 될 때, 패치 양쪽의 복사 변(radiating edge)인 $\overline{ab}$와 $\overline{cd}$를 따라 위치한 슬롯을 통해 위쪽 공간($y > 0$인)으로 복사되는 전자파 에너지가 최대가 되며, 이때 구형 마이크로 스트립 패치의 길이(l)는

$$\tan \beta l = \frac{2 Y_c B}{G^2 + B^2 - Y_c^2}$$

로서 주어진다. 이 표현식에서 $Y_c^2 \gg G^2 + B^2$이므로 $\tan \beta l$은 $\tan \beta l = -\frac{2B}{Y_c}$(참고 자료 [19] 참조)와 같이 근사되는데 이 결과는 두께가 있는 도체 스크린에 있는 좁은 슬릿에서의 투과 공진이 일어날 도체 스크린의 두께(슬릿 내부의 공진 길이에 해당되는)와 정확히 일치하게 됨을 기억하라.

이러한 조건이 만족될 때, 입력 어드미턴스 Y_{in}^r는 실수로서 $2G$의 값을 가진다. 이 값 또한 두께가 있는 도체 평판의 슬릿 구조에서 투과 전력이 최대가 되는 투과 공진 현상이 일어날 때, 왼쪽의 입력 슬릿에서의 전체 어드미턴스 값($2G_L$)과 같다. 반면에 급전되는 위치가 패치의 비복사 변(non-radiating edge)인 $\overline{bc}$나 $\overline{da}$인 경우에

입력 어드미턴스는 급전되는 위치에 따라 다른 값을 가지게 되며 급전 위치 x의 함수로서

$$Y_{in}^{nr}(x)=\frac{2G}{\cos^2(\beta x)}$$

와 같이 주어진다. 여기에서 x는 왼쪽의 $\overline{ab}$변으로부터 급전 위치 f까지 x방향으로의 거리, 즉 $\overline{bf}$를 의미하며 첨자 'nr'은 '복사가 일어나지 않는 변(non-radiating edge)'을 의미한다. 이와 같이 급전되는 위치에 따라 입력 어드미턴스가 달라진다는 점은 임피던스 정합을 위한 급전 선로의 위치를 결정하는 데 중요하다.

6-6. ABR(aperture body resonance) 개념과 임피던스 정합(impedance matching) 개념 간의 연관성

지금까지 두께가 있는 도체 평판의 좁은 슬릿 왼쪽에서 TM 전자파(전계 벡터가 슬릿의 길이 방향에 수직이고 자계 벡터는 슬릿의 길이 방향과 같은)가 입사할 때 슬릿을 통하여 오른쪽의 반 공간으로 투과하는 투과 전력이 최대가 되는 투과 공진기 형성에 의한 공진(transmission cavity resonance) 현상과 ABR(aperture body resonance) 현상과의 물리적인 공통점에 대하여 논의하였고 등가회로적 표현의 관점에서 동일하다는 것도 살펴보았다. 여기에서는 단순한 ABR 문제를 등가회로적인 표현을 이용한 해석 방법으로 다루어 보고 그러한 해석 방법을 임피던스 매칭(정합) 개념의 설명에 적용하여 보려고 한다. 먼저 가장 간단한 구조로서 그림 3-23에 도시되어 있는 문제를 생각해 보자. 이러한 경우 왼쪽 공간으로부터 전자파가 입사한다고 했을 때, 슬릿 폭이 파장에 비하여 충분히 작으면 슬릿을 통해 오른쪽 공간으로 투과하는 전력이 매우 작게 된다. 따라서 투과 전력 P_{trans}와 입사 전력 P_{inc}의 비($=P_{trans}/P_{inc}$)가 매우 작은 값을 갖는다. 이때의 슬릿의 등가회로를 표현하면 그림 3-23의 아래쪽에 도시된 회로와 같이 주어진다.

그림 3-23에서 보듯이 슬릿의 근처에 인접한 도체 스트립이 없는 경우, $Y_s^{lh}(Y_s^{rh})$는 슬릿에서 왼쪽(오른쪽)의 반무한 공간으로 바라다본 어드미턴스(복사 어드미턴스라 불러도 되는)를 의미하며 두 값이 서로 동일하기 때문에 $Y_s^{lh}=Y_s^{rh}=G+jB$로 주어지므

로 임피던스 매칭(정합)이 이루어질 수 없다. 그러나 슬릿 오른쪽 근처의 적절한 위치에 적절한 크기의 인접 도체 스트립(산란체)을 놓으면 슬릿의 오른쪽으로 바라다본(인접 도체 스트립의 영향을 고려하여) 어드미턴스 Y_s^{rh}가 $Y_s^{rh}=(G+jB)^*=\left(Y_s^{lh}\right)^*$로 되어 슬릿의 전체 어드미턴스 $Y\left(=Y_s^{rh}+Y_s^{lh}\right)$가 실수(real)로서, 그림 3-24에서와 같이, $Y=2G$가 되는 ABR(aperture body resonance) 조건이 만족되어 슬릿을 통하여 오른쪽으로 투과되는 투과 전력(P_{trans}/P_{inc})이 최대가 된다(P_{inc}가 일정하다고 가정). 이렇게 슬릿을 통하여 지나가는 투과 전력 P_{trans}이 최대가 되는 ABR 조건이 만족될 때, 오른쪽의 인접한 도체 스트립(산란체)의 구실은, 제2장에서 설명한 바와 같이, 공진기(cavity)을 구성하는 역할을 하거나 기생 소자 역할을 하는 두 가지가 있는데 그림 3-24에서는 전자의 경우, 즉 인접 도체 스트립과 슬릿이 있는 도체 평판 사이에 강하게 서게 되는 공진 모드의 전계를 도시하고 있다. 그림 3-23과 3-24의 등가회로 상에서, 입사파에 의한 Norton 등가 전류원 (I^i)을 구하려면 먼저 슬릿을 단락(short)시키고 난 후 입사 전자계에 의한 단락 도체 스크린에서의 전체 자계를 구하면 되는데 입사 자계의 크기가 H_0이면 앞에서 다루어 본 바와 같이 $I^i=2H_0$로 주어진다.

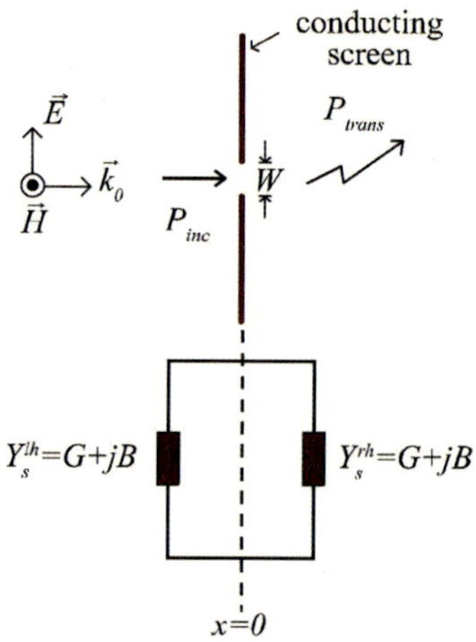

그림 3-23. 도체 평판에 있는 좁은 슬릿 구조와 그 등가회로

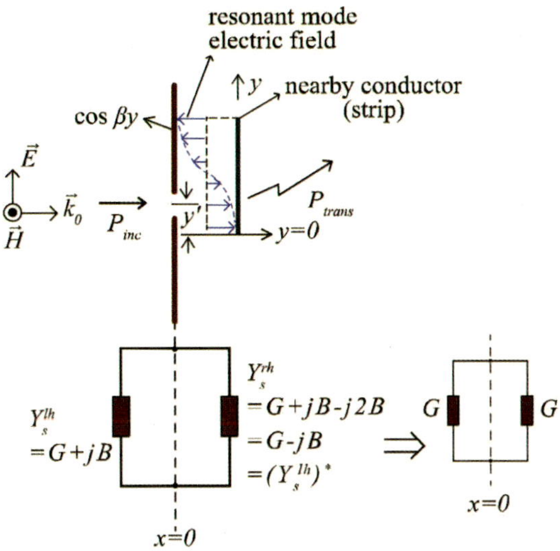

그림 3-24. 도체 평판에 있는 좁은 슬릿 근처에 도체 산란체가 위치하고 있는 구조와 그 등가회로

계속해서 ABR(aperture body resonance) 개념과 임피던스 정합 개념의 연관성을 살펴보자. 이러한 목적으로 그림 3-23의 왼쪽의 반무한 공간을 그림 3-25의 평행 평판 도파관으로 대체하여, 플랜지된 평행 평판 도파관 구조를 구성하게 되는데, 이는 임피던스 정합(impedance matching)에 대한 개념을 논의하기 위해서는 반드시 급전부를 구성하는 급전 도파관이 구성되어 있어야 하기 때문이다.

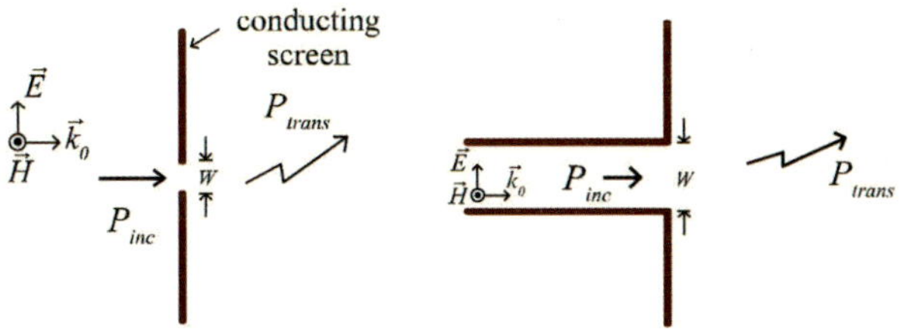

그림 3-25. 단일 슬릿 문제와 플랜지된 도파관 구조의 문제

그림 3-26에 도시되어 있는 바와 같이 플랜지된 평행 평판 도파관의 우측 종단의 개방 슬릿 구조는 그림 3-24에 주어진 단순한 형태의 단일슬릿 구조와 마찬가지로

어떤 산란체(여기에서는 도체 스트립에 해당)가 슬릿 근처에 놓이게 될 때, P_{trans}/P_{inc}의 비(ratio)가 최대가 되도록 할 수 있다. 그림 3-26에서와 같이 두 경우에 대한 등가회로를 생각해 보자.

그림 3-26의 오른쪽에 도시되어 있는 플랜지된 평행 평판 도파관 문제의 경우, $x = 0$인 지점(슬릿이 위치한 지점)에서 오른쪽($x > 0$)으로 바라다본 입력 어드미턴스 $G/\left(2\cos^2(\beta y')\right)$는 그림 3-22에 도시되어 있는 마이크로 스트립 패치 안테나의 비복사변(non-radiating edge)에 급전 포트가 연결되어 있는 경우의 입력 어드미턴스 Y_{in}^{hr}와 다르다. 왜냐하면 마이크로 스트립 패치 안테나의 경우, 즉 급전 포트가 비복사 변(non-radiating edge)에 연결되어 있는 경우, 이러한 급전 포트에서 마이크로 스트립 패치 쪽으로 바라다본 어드미턴스 단자는 공진기 구조가 구성되어 있는 회로에, 그림 3-22에서와 같이 병렬로 연결되어 있는 반면에, 그림 3-26의 오른쪽 구조에서의 입력 포트는 그림 3-27에서 Y_{in}과 같이 공진기 회로(또는 공동 회로)에 직렬로 연결되어 있기 때문이다.

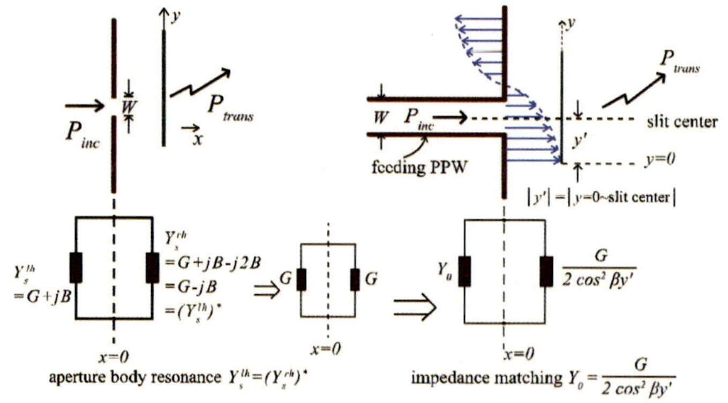

그림 3-26. ABR(aperture body resonance) 문제 및 임피던스 정합 문제

그림 3-26의 오른쪽 구조에서 Y_0는 급전 도파관의 특성 어드미턴스이고, $G/2\cos^2\beta y'$는 완전 정합 조건에서 슬릿($x = 0$인)에서 $x > 0$ 영역을 바라다본 컨덕턴스이다. 완전 정합이 달성될 때, 즉 P_{trans}/P_{inc}가 '1'인 조건에서 도체 스트립 아래에는 강한 공진 전자계가 여기(excitation)되는데 이런 경우에 도체 스트립 아래의 전계분포 및 등가회로

는 그림 3-27과 같이 주어진다. 그림 3-27의 왼쪽 그림에서 도체 스트립 양단에 부하처럼 그려 넣은 것은 손실이 있는(복사에 의한) 자계벽(magnetic)의 역할을 하는 부하(load)인 $G+jB$를 상징적으로 도시한 것이다. 전술한 바와 같이 오른쪽 그림에서는 Y_{in}이 연결된 포트가 공진회로(양쪽에 $G+jB$로 종단되어 있는)에 직렬로 연결되어 있음을 기억하라. 그림 3-27의 우측 회로에서 Y_{in}이 연결되는 포트(port)가 회로에 직렬로 연결되어 있음을 확인하자.

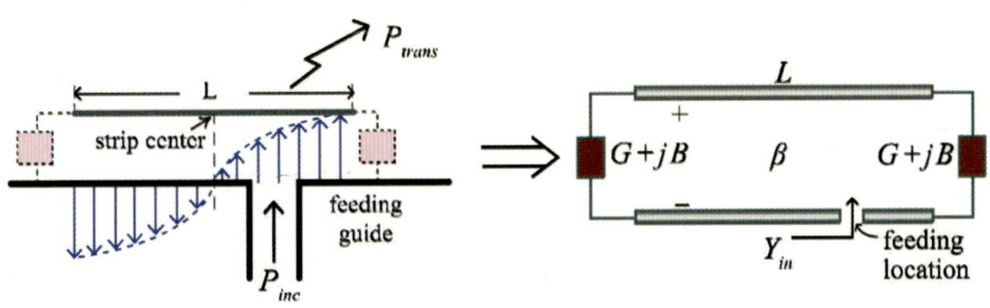

그림 3-27. 도체 스트립 아래의 전계분포 및 등가회로

그림 3-27의 등가회로에서, $G+jB$는 도체 스트립의 양쪽 끝부분에 열려진 쪽을 바라본 복사 어드미턴스(손실이 있는 자계벽에 해당되는)이고, 슬릿에서 공진 시에 위쪽을 바라본 어드미턴스(Y_{in})는 실수부(real)로서

$$Re\{Y_{in}\} = \frac{G}{2\cos^2(\beta y')}$$

와 같이 표현된다. 위 식에서 y'은 그림 3-26에서 도체 스트립의 아래쪽 끝에서 슬릿 중심까지의 y축 상의 거리를 의미하고 β는 도체 스트립 아래의 평행 평판 도파관 구조에서의 y방향으로의 파수(wave number)를 의미한다. 따라서 이 경우에 임피던스가 정합되는 조건을 찾으면 다음과 같다.

$$Y_0 = \frac{G}{2\cos^2(\beta y')}$$

여기에서 Y_0는 플랜지된 평행 평판 도파관의 특성 어드미턴스를 의미한다. 반면에 그림 3-24에 주어진 단순화된 ABR(aperture body resonance) 구조에서 ABR(aperture body resonance) 현상이 발생할 조건은 아래와 같다.

$$Y_S^{lh} = \left(Y_S^{rh}\right)^*$$

지금까지의 논의를 정리해 보면 그림 3-27에서의 임피던스 정합 조건과 그림 3-24에서의 ABR 조건은 한 가지를 제외하고는 동일하다. 즉 그림 3-24에서의 ABR 문제에서 슬릿 단자($x=0$)의 오른쪽으로 바라다본 어드미턴스 Y_s^{rh}와 왼쪽으로 바라다본 어드미턴스 Y_s^{lh}가 그림 3-26의 우측의 임피던스 정합 문제에서 각각 $G/2\cos^2(\beta y')$와 Y_0로 대체되었다는 점을 제외하고는 개념적으로 같다. 즉, 그림 3-24의 ABR 문제에서는 슬릿에서 왼쪽과 오른쪽 반무한 공간으로 바라다본 어드미턴스 Y_s^{lh}와 Y_S^{rh}의 허수부가 각각 '0'으로 되지 않으므로 슬릿 오른쪽에 인접한 산란체(여기에서는 도체 스트립에 해당)를 놓아 줌으로써 두 어드미턴스가 공액(conjugate) 관계를 만족하도록 하여, 즉 $Im\left\{Y_s^{sh}\right\} = -Im\left\{Y_s^{lh}\right\}$가 되도록 하여 최대의 전력 투과 현상, 즉 ABR 현상이 일어나게 된다. 반면에 그림 3-27의 임피던스 정합 문제에서는 공진 시에 슬릿($x=0$인)에서 오른쪽 영역 즉 $x>0$ 영역으로 바라다본 어드미턴스는 실수부로서 컨덕턴스 값을 갖게 되며, 공진 시에 도체 스트립과 급전 도파관의 플랜지 면 사이의 영역에 강한 공진 모드의 전계가 생기게 되어 급전 슬릿에서 급전 도파관 외부 쪽으로 바라다본 컨덕턴스는 $\frac{G}{2\cos^2(\beta y')}$로서 슬릿의 상대적인 위치($y'$)에 따라 변하는 값을 지니게 된다. 동시에 평행 평판 도파관의 높이 h가 파장(λ)에 비하여 충분히 작은 경우에는 슬릿에 의한 고차 모드의 축적 에너지(용량성의)가 도파관 내부보다 외부에 거의 모여 있게 되므로 인접 도체 스트립을 가져다 놓음으로써 축적 에너지에 의한 슬릿에서 오른쪽으로 바라다본 어드미턴스의 허수부(인접 도체 스트립이 없을 때의 capacitive 성분)를 중화(상쇄)시킬 수 있는 것이다. 그리고 슬릿의 위치가 $y'=0$인 인접 스트립의 끝부분에 위치한 경우에는 $Y_{in} = \frac{G}{2}$가 됨을 기억하자.

지금까지 우리는 두께가 있는 도체 평판(스크린)에 뚫려 있는 좁은 슬릿에서 투과 전력이 급격히 증대하는 투과 공진 현상(투과 공진기 공진 현상)과 개구 결합형 마이크로 스트립 안테나와 근접 결합형 마이크로 스트립 안테나의 단순화된 모델로서 ABR (aperture body resonance) 구조에서 만나게 되는 임피던스 정합 문제 간의 근본적인 유사성에 대하여 논의하였다. 물론 ABR 문제로서 플랜지된 평행 평판 도파관의 슬릿과 근접 도체 산란체(여기에서는 도체 스트립)로 구성된 문제도 다루어 보았다. 이러한 논의를 통하여 서로 다른 다양한 구조의 동작 원리 간의 물리적인 공통점들을 이해함으로써 보다 폭넓은 지식을 얻을 수 있을 것으로 생각된다.

참고 자료

1 R. F. Harrington and D. T. Auckland, "Electromagnetic transmission through narrow slots in thick conducting screens," IEEE Trans. Antennas Propagat., vol. AP-28, no. 5, pp. 616-622, Sept 1980.

2 E. Betzig, A, Harootunian, A. Lewis, and M. Jsaacson, "Near-field diffraction by a slit: implications for superresolution microscopy," Appl. Opt., vol. 25, no. 12 Appl. Opt., vol. 25, no. 12, pp. 1890-1900, 15 June 1986.

3 C. M. Kelso, P. D. Flammer, J. A. DeSanto, and R. T. Collins, "Integral equations applied to wave propagation in field scanning optical microscope," J. Opt. Soc. Am. A, vol. 18, no. 8, pp. 1993-2001, August 2001.

4 E. Betzig and J. K. Trautman, "Near-field optics: microscopy, spectroscopy, and surface modification beyond the diffraction limit," Science, vol. 257, pp. 189-195, 10 July 1992.

5 T. W. Ebbesen, H. J. Lezec, H. F. Ghaemi, T. Thio, and P. A. Woff, "Extraordinary optical transmission through sub-wavelength hole arrays," Nature (London), vol. 391, pp. 667-669, 12 Feb 1998.

6 K. Y. Kim, J. H. Lee, Y. K. Cho, and H. S. Tae, "Electromagnetic wave propagation through doubly dispersive subwavelength metamaterial hole," Optics Express, vol. 13, no. 10, pp. 3653-3665, May 2005.

7 J. A. Porto, F. J. Garcia-Vidal, and J. B. Pendry, "Transmission resonances on metallic gratings with very narrow slit," Phys. Rev. Lett., vol. 83, no. 14, pp. 2845-2848, 4 Oct 1999.

8 H. E. Went, A. P. Hibbins, J. R. Sambles, C. R. Lawrence, and A. P. Crick, "Selective transmission through very deep zero-order metallic gratings at microwave frequencies," Appl. Phys. Lett., vol. 77, no. 8, pp. 2789-2791, 30 Oct 2000.

9 U. Schroter and D. Heitmann, "Surface-plasmon-enhanced transmission through metallic gratings," vol. 58, no. 23, pp. 15419-15421, 15 Dec 1998-I.

10 S. Astilean, Ph. Lalanne, and M. Palamaru, "Light transmission through metallic channels

much smaller than the wavelength," Opt. Comm., vol. 175, pp. 265-273, 1 March 2000.

11 Sunny Bains, "High transmission through subwavelength gratings inspires debate," OE(optics engineering) reports, 1 March 2000.

12 M. M. J. Treacy, "Dynamical diffraction in metallic optical gratings," Appl. Phys. Lett., vol. 75, no. 5, pp. 606-608, 2 August 1999.

13 A. A. Oliner and D. R. Jackson, "Leaky surface-plasmon theory for dramatically enhanced transmission through a subwavelength aperture," pt. I: Basic Features.

14 D. R. Jackson, T. Zhao, J. T. Williams, and A. A. Oliner, "Leaky surface-Plasmon thory for dramatically enhanced transmission through a subwavelength aperture," pt. II: Leaky Wave antenna model.

15 Y. Takakura, "Optical resonance in a narrow slit in a thick metallic screen," Phys. Rev. Lett., vol. 86, no. 24, pp. 5601-5603, 11 June 2001.

16 F. Yang and J. R. Sambles, "Resonance transmission of microwaves through a narrow metallic slit," Phys. Rev. Lett., vol. 89, no. 6, (063901), pp. 1-3, 5 August 2002.

17 C. M. Butler and D. R. Wilton, "General analysis of narrow strips and slots." IEEE Trans. Antennas Propagat., vol. AP-28, no. 1, pp. 42-48, Jan 1980.

18 A. G. Dernryd, "Linearly polarized microstrip antenna," IEEE Trans. Antennas Propagat., vol. AP-24, pp. 846-851, Nov 1976.

19 I. J. Bahl and P. Bhartia, Microstrip antennas, pp. 48-55, Artech House, 1980.

전반사 조건이 깨진 내부 전반사frustrated total internal reflection 현상과 근접장 주사 광학 현미경near-field scanning optical microscopy의 동작 원리와 평면형 안테나 분야에서의 임피던스 정합 개념 간의 물리적 공통점

제4장

1. 전반사 조건이 깨진 내부 전반사 현상(frustrated total internal reflection)

2. 양자역학에서의 tunneling 현상과의 비교

3. 탐침을 FPPW로, 이미징할 물체를 슬릿이 있는 무한 평판으로 단순화한 NSOM 모델

4. 기존의 NSOM 모델의 설명 방식

5. PSTM에 쓰이는 광자결정(photonic crystal) 도파관 탐침

참고 자료

이번 절에서는 먼저 NSOM(near-field scanning optical microscopy)의 동작 원리와 물리적인 analogy가 되는, 전반사 조건이 깨진 내부 전반사(frustrated total internal reflection, FTIR) 현상(참고 자료 [1] 참조)에 대하여 간단히 논의한 다음 NSOM의 기본 원리를 이해하기 위해 자주 이용되는 플랜지된 평행 평판 도파관(flanged parallel plate waveguide, FPPW, NSOM의 탐침 역할을 하는)과 슬릿이 있는 무한평판(NSOM의 물체 역할을 하는)으로 구성된 단순화된 모델을 다룰 것이다. 또한 전반사 조건이 깨진 내부 전반사 현상과 평면형 안테나 구조의 임피던스 정합 문제 간의 물리적인 공통점에 대하여 설명할 것이다. 또한 앞의 논의에 입각하여 이해할 수 있는 한 가지 예로서 광자 주사 터널링 현미경(photonic scanning tunneling microscopy, PSTM)의 동작원리도 살펴볼 것이다.

1. 전반사 조건이 깨진 내부 전반사 현상(frustrated total internal reflection): 일례로서의 프리즘 결합 현상

먼저 근접장 주사 광학 현미경(near-field scanning optical microscopy)의 동작 원리와 물리적인 analogy가 되는 FTIR(frustrated total internal reflection) (참고 자료 [1] 참조) 현상의 물리적 배경에 대하여 살펴보자. 전반사란 빛이 광학적으로 밀한(optically dense) 매질에서 소한(optically rare) 매질로 비스듬히 입사할 때, 그 입사각이 임계각(critical angle)보다 큰 경우에 나타나는 현상이다. 이러한 현상이 일어날 때, 소한 매질 내에 경계면에 수직한 방향으로 그 크기가 지수 함수적으로 감쇄하는 무효 소멸장(reactive evanescent field)이라 불리는 전자계가 형성된다.

이렇게 형성된 소멸장 내에 어떤 근접 산란체가 놓이게 되면 근접 산란체가 놓이기 전에는 전반사에 의해서 발생할 수가 없는(소한 매질 쪽으로 에너지가 빠져나가는) 전자기 결합 현상이 생긴다. 이는 FTIR 현상(참고 자료 [1] 참조)의 결과로서 양자역학 분야에서의 터널링(tunneling) 현상이나 NSOM에서의 동작 원리와도 유사한 물리적인 내용을 공유하고 있다. NSOM의 동작 원리에 관한 일반적인 견해는 다음과 같다. 즉 근접 산란체가 그 내부 전반사가 일어나는 경계면 근처에 형성된 무효 소멸장에 위치하게 되면 소멸파와 관련된 에너지의 일부가 복사 에너지로 바뀌어 외부로 전파(진행)가 가능하게 된다는 것이다.

여기에서의 인접(또는 근접) 산란체는 앞서 언급한 세 가지 구조, 즉 개구 결합형 복사구조, 근접 결합형 복사구조, 플랜지된 평행 평판 도파관 구조에서 슬릿 근처의 도체 산란체와 같은 역할을 한다. 아래 그림 4-1은 내부 전반사(TIR) 현상과 전반사 조건이 깨진 내부 전반사(FTIR) 현상의 물리적 상황을 나타낸다. 그림 4-1(b)에 도시되어 있는 바와 같이 어떠한 산란체(우리가 이미지를 얻고자 하는 물체로 볼 수 있음)가 매질 경계면 바로 외부에 존재하는 소멸장 안에 놓이게 되면 내부 전반사 조건이 깨지게 되어 밀한 매질 내부의 일부 에너지가 소한 매질 영역으로 투과되어 빠져나가게 된다. 여기에서 소멸장 내에 놓인 산란체를 우리가 이미지를 얻고자 하는 물체로 본다면 아랫부분의 밀한 매질 영역이 탐침(probe)부를 구성한다고 볼 수 있다. 근접 산란체의 존재 유무에 따라 밀한 매질 내에서 전반사 조건이 만족되거나 깨지는 상황이 벌어지고 이렇게 변하는 상황을 검출한다면 근접 산란체에 대한 이미징(참고 자료 [2]~[8] 참조)이 가능하기 때문이다.

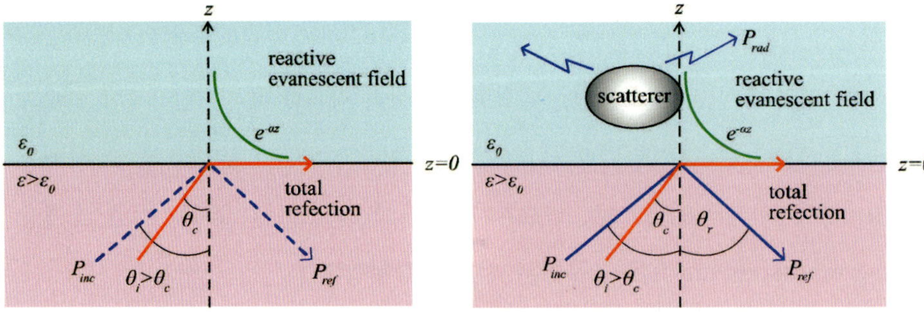

(a) TIR(total internal reflection) (b) FTIR(frustrated total internal reflection)

그림 4-1. TIR 현상 및 FTIR 현상

그림 4-2에 도시되어 있는 유전체 도파로는 광학적으로 밀한 유전체 도파로 내부에서의 전반사(TIR) 현상을 근거로 하여, 유전체 도파로의 윗면과 아랫면에서 전반사를

되풀이하기 때문에, 유전체 슬랩을 따라 지그재그 형태로 전자기 에너지를 한 지점에서 원하는 지점으로 전파(propagation)시킬 수 있다. 광섬유는 이러한 유전체 도파 구조의 전형적인 예를 구성한다.

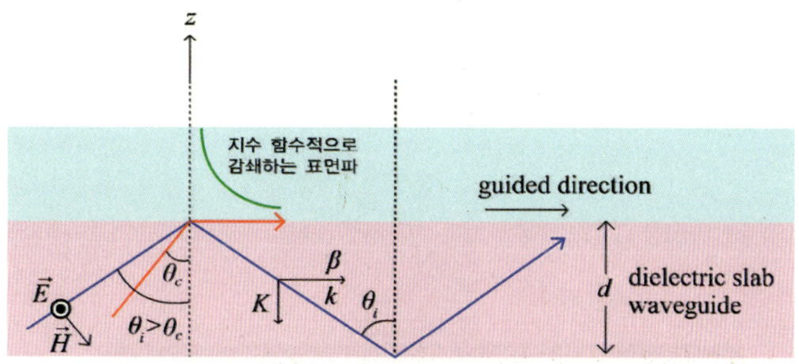

$K(\beta)$: transverse (longitudinal) wave number

$\beta^2 + K^2 = k^2$

그림 4-2. TIR 현상에 의한 유전체 평행 평판 도파관 내에서 도파 모드의 형성

그림 4-2에 도시되어 있는 유전체 슬랩 도파로에서 도파 모드(guided mode)의 횡단면 파수(transverse wave number) K는 전자기파가 윗면과 아랫면 사이를 한 번 왕복한 후의 위상 변위가 2π의 정수배가 된다는 단면공진조건(transverse resonance condition)을 이용하여 아래와 같이 구할 수 있다. 여기에서 ϕ_{TE}는 도파 모드의 전파가 경계면에서 반사하면서 겪는 위상변화를 의미한다.

$$Kd + \phi_{TE} + Kd + \phi_{TE} = 2m\pi, \quad (m = \text{integer})$$

전술한 것처럼 그림 4-2에 도시되어 있는 바와 같이 소멸장이 경계면 근처에서 형성되는데, 그것은 도파 구조의 관점에서 표면 근처의 표면파로서 존재하며 z방향으로 진행(전파)하는 전력이 없다는 뜻에서 리액티브 소멸파(reactive evanescent wave)라고 부른다. 그러나 근접 산란체가 소멸장 안에 놓이게 되면 그 리액티브 소멸장은 교란(perturbed)된다. 그 결과 도파로 내의 도파 모드 전력의 일부가 도파로 밖으로 빠져나가는 전자기 결합 현상이 발생한다.

프리즘 결합 현상은 FTIR(frustrated total internal reflection) 현상을 광학 분야에 이용하여 유전체 도파로로부터 에너지를 뽑아내거나 외부에서 유전체 도파로로 에너지를 공급하고자 할 때 사용되는 실제 사례이며, 그림 4-3은 유전체 슬랩 도파로 내부의 왼쪽에서 입사한 전력이 프리즘을 이용한 결합 현상에 의해 바깥영역으로 복사(결합)되는 모습을 보여 준다.

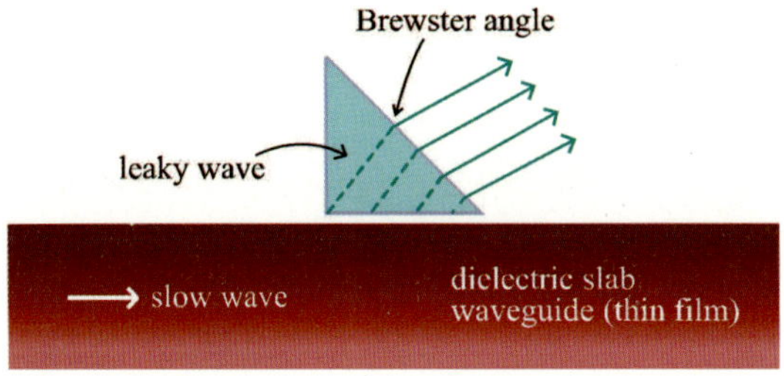

그림 4-3. 유전체 슬랩 도파로에서 프리즘을 통한 전자기 결합 현상

그림 4-3의 구조를 해석하고자 하는데 해석의 편의를 위하여 그림 4-4(a)에 도시되어 있는 프리즘-공기층-유전체 도파로 매질의 3층 구조(사각형으로 둘러싸인 구조)를 그림 4-4(b)에서와 같이 단순화할 수 있다.

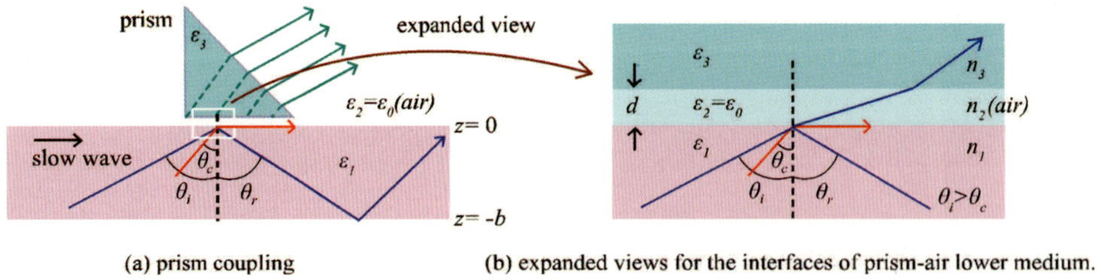

그림 4-4. 프리즘에 의한 전자기 결합 현상과 그 단순화 모델(프리즘(ϵ_3), 공기(ϵ_2), 유전체(ϵ_1)의 경계면 확대도)

이 그림은 유전율이 (ϵ_3)인 프리즘이 근접 산란체(ϵ_3)로서 소멸장 안으로 들어오면 FTIR이 발생하게 되는 물리적 상황을 설명하고 있다. 이 현상을 좀 더 자세히 살펴보자. 그림 4-4(a) 또는 그림 4-4(b)에서 인접 산란체로 가정한 매질(ϵ_3)이 없는 경우에 유전체

도파관을 따라 진행하는 입사파의 입사각(θ_i)이 그림 4-4(a)에 도시된 바와 같이 임계각 ($\theta_c = \sin^{-1}(n_2/n_1)$)보다 크면 경계면에서 전반사가 일어난다. 즉, $\theta_i > \theta_c$인 경우에 소멸장은 굴절률이 더 작은 매질, 즉 광학적으로 소한 매질에서 형성되고, 그 세기(intensity)는 아래 수식에 표현된 바와 같이 경계면에서 멀어질수록 지수 함수적으로 감소한다.

$$I \sim \exp\left[\left\{-2kz\left(\sin^2\theta_i\right) - \left(n_2/n_1\right)^2\right\}^{1/2}\right]$$

여기서 k는 입사파 파벡터의 크기이고 z는 경계면($z=0$)에서 멀어지는 방향으로의 거리이다.

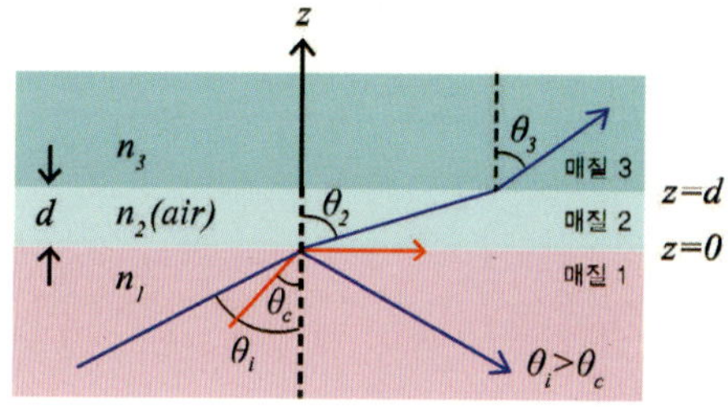

그림 4-5. 프리즘 매질-공기층-유전체 도파로 매질 등 세 가지 매질의 경계면에서 전자파의 투과 모델

그림 4-5는 굴절률이 n_3인 유전체가 소멸장 안으로 들어올 정도로 간격 d가 충분히 작은 상황을 나타낸다. 여기에서 $z=0$인, 경계면에서의 반사 계수를 $re^{j\theta}$로 정의하고, 매질 1(n_1)에서 매질 2(n_2)로의 전력 전송 계수(transmission coefficient), $T(=1-|r|^2)$는

$$\frac{1}{T} = \alpha \sinh^2 y + \beta$$

로서 표현되는데 여기에서 y는

$$y = \left(\frac{2\pi d}{\lambda}\right)\left(n_1^2 \sin^2\theta_i - n_2^2\right)^{1/2}$$

로 주어진다. 또한 $\alpha_{\perp}$와 $\beta_{\perp}$($\alpha_{\|}$와 $\beta_{\|}$)는 입사파의 편파특성에 따라 아래의 수식과 같이 다른 값을 가진다(참고 자료 [1] 참조). 일반적으로 입사파의 전계(electric field) 성분이 입사면(plane of incidence)에 수직이면 수직편파(perpendicular polarization)라 부르고, 입사면에 수평이면 수평편파(parallel polarization)라 부른다.

$$\alpha_{\perp} = \frac{(N^2-1)(n^2N^2-1)}{4N^2\cos\theta_i(N^2\sin^2\theta_i-1)(n^2-\sin^2\theta_i)^{1/2}}$$

$$\beta_{\perp} = \frac{[(n^2-\sin^2\theta_i)^{1/2}+\cos\theta_i]^2}{4\cos\theta_i(n^2-\sin^2\theta_i)^{1/2}}$$

$$\alpha_{\|} = \left(\frac{\alpha_{\perp}}{n^2}\right)\left[(N^2+1)\sin^2\theta_i-1\right]\left[(n^2N^2+1)\sin^2\theta_i-n^2\right]$$

$$\beta_{\|} = \frac{\left[(n^2-\sin^2\theta_i)^{1/2}+n^2\cos\theta_i\right]^2}{4N^2\cos\theta_i(n^2-\sin^2\theta_i)^{1/2}}$$

$$n \equiv (n_3/n_1),\ \ N \equiv (n_1/n_2)$$

이 수식의 증명은 참고 자료 [1]을 참조하라.

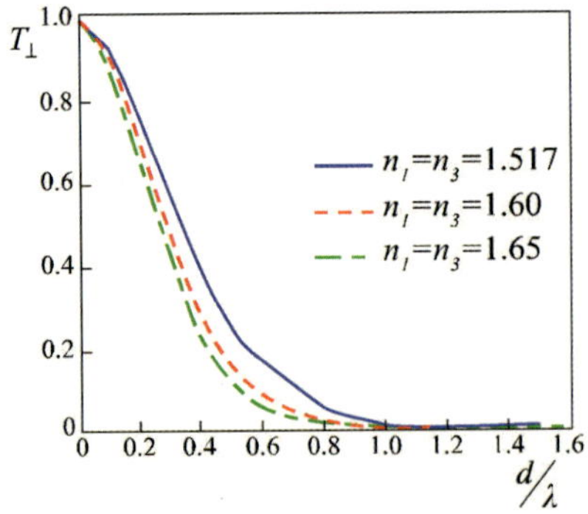

그림 4-6. 수직편파의 경우에 d/λ에 대한 전력 전송 계수 $T_{\perp}$

그림 4-6은 n_2(공기층) = 1로 두고, $n_1 = n_3$ 값을 각각 1.517, 1.6, 1.65로 변화시키면서 전력 전송 계수를 d/λ의 함수로 나타낸 것이다. 이로부터 공기 매질(ϵ_2)의 폭,

즉 n_1과 n_3 매질 사이의 공기층으로 된 간격이 커질수록 전력 전송 계수는 지수함수적으로 감소하며 동시에 $n_1 = n_3$ 값이 증가함에 따라서도 그 지수함수적 감소 정도가 크게 증가함을 알 수 있다.

2. 양자역학에서의 tunneling 현상과의 비교

지금 다루고 있는 FTIR 현상은 양자역학 분야의 터널링 현상(참고 자료 [1] 참조)과 흡사하다는 점도 흥미롭게 지적할 수 있다. 특히 $n_0 = n_1 = n_3$이고 $n_2 = 1$인 경우에 위의 식들은 아래와 같이 간단한 형태로 표현된다.

$$T = \frac{1}{\alpha \sinh^2 y + 1}, \tag{1}$$

$$\alpha_{\perp} = \left[(n_0^2 - 1)/2n_0\right]^2 \cdot \left\{1/\left[\cos^2\theta_i(n_0^2 \sin^2\theta_i - 1)\right]\right\}$$

$$\alpha_{\parallel} = \alpha_{\perp}\left[(n_0^2 + 1)\sin^2\theta_i - 1\right]^2$$

$$\beta_{\perp} = \beta_{\parallel} = 1,\ y = (2\pi d/\lambda)(n_0^2 \sin^2\theta_i - 1)^{1/2}$$

흥미롭게도 식 (1)의 T 값은 높이가 V_0이고, 폭이 d인 사각형 형태의 전위 장벽(potential barrier)을 투과하는 입자의 전송 계수와 유사하다.

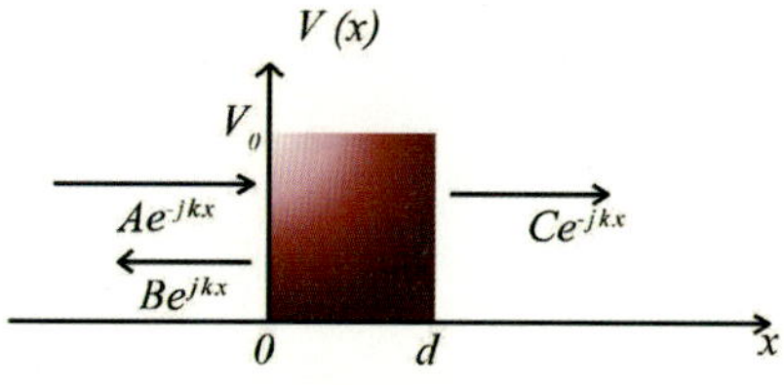

그림 4-7. 높이가 V_0이고 폭이 d인 1차원의 사각형 형태로 된 전위 장벽

입자가 가진 에너지 E가 전위 장벽 V_0보다 작다고 가정한 경우 그림 4-7에 주어진 전위 장벽에 대하여

$$-\frac{\hbar^2}{2m}\frac{d^2U(x)}{dx^2}+V(x)U(x)=EU(x)$$

로서 주어지는 1차원 파동 방정식을 풀면 전력 전송 계수 $T(=|C/A|^2)$를

$$T=\left|\frac{C}{A}\right|^2=\frac{1}{\{1+V_0^2\sinh^2\gamma d/[4E(V_0-E)]\}}\ , \tag{2}$$

와 같이 구할 수 있는데 여기에서 γ는

$$\gamma=\left[2m(V_0-E)/\hbar^2\right]^{1/2}$$

로 주어진다. 이러한 결과에 대한 자세한 유도 과정은 참고 자료 [9]를 참조하라. 여기에서 만일 아래의 대응관계를 사용하면 식 (2)는 $\theta_i=45^\circ$이고 수직편파를 갖는 경우의 식 (1)과 같다.

$$\left(\frac{mE}{\hbar^2}\right)^2\rightarrow\left(\frac{n_0^{\ 2}}{4\lambda^2}\right)\ ,\ \left(\frac{mV_0}{\hbar}\right)^2\rightarrow\left(\frac{(n_0^{\ 2}-1)}{2\lambda^2}\right)$$

굴절률 $n(x)$이 공간 변수의 함수로 주어지는 매질을 진행하는 전자기파의 파동 방정식은

$$\frac{d^2\psi}{dx^2}+\left[\frac{2\pi n(x)}{\lambda}\right]^2\psi(x)=0\ , \tag{3}$$

로서 주어지는데 이 파동 방정식 (3)에

$$n(x)\rightarrow(\lambda/(2\pi))\{2m[E-V(x)/\hbar^2]\}^{1/2}$$

을 대입하여 구하면 1차원 시불변 슈뢰딩거 방정식과 같은 형태를 얻는다. 따라서 이

두 가지 현상이 수학적으로 매우 유사하다는 점을 알 수 있다. 그러므로 어떤 특별한 경우에는 맥스웰 방정식과 슈뢰딩거 방정식에 의하여 기술되는 물리적인 상황들이 수학적인 형태상 일치할 수 있을 것이다(참고 자료 [9] 참조).

지금까지 우리는 소멸장 내에 프리즘이나 도체 스트립과 같은 어떤 산란체가 놓이게 되면 FTIR 현상에 의하여, 즉 전반사 조건이 깨지게 되어 유전체 도파로 밖으로 에너지가 빠져나갈 수 있다는 것과 소형 슬릿 주위의 근접장 근처에 도체 스트립과 같은 산란체가 놓이게 되면 복사 효율이 상당히 개선될 수 있다는 내용에 대한 논의를 다루었다.

3. 탐침을 FPPW로, 이미징할 물체를 슬릿이 있는 무한 평판으로 단순화한 NSOM 모델

이미 앞에서 논의한 바와 같이 평행 평판 도파관의 오른쪽 끝부분의 개방된 개구(슬릿)에 플랜지가 있는 구조의 경우에서 그림 4-8에 도시된 바와 같이 왼쪽에서 입사되는 전력이 오른쪽 끝부분($z = 0$의 위치에 있는)의 슬릿을 통하여 복사가 잘 되느냐 그렇지 않느냐는 도파관의 높이 a와 밀접한 관련이 있다. 도파관의 높이 a가 파장에 비하여 비교할 만하거나 크게 되면 급전 도파관(평행 평판 도파관)의 왼쪽으로부터 입사되는 전력은 슬릿(개구)을 통하여 잘 복사된다. 그러나 도파관의 높이 a가 파장에 비하여 충분히 작게 되면 개구(슬릿)에서 많은 반사가 일어나고 밖으로의 복사 에너지는 매우 작게 된다. 이미 앞에서 언급한 바와 같이 이러한 경우 좁은 슬릿(개구)은 회로이론에서의 개방 회로(open circuit) 또는 자기벽(magnetic wall)과 같은 반사 특성을 보이게 된다. 도파관의 높이 a가 작으면 작을수록 그러한 특성이 현저하게 나타난다. 즉 $z = 0$의 슬릿에서의 (전압) 반사 계수가 1보다 작지만 +1에 가까운 값을 지닌다는 것이다. 이러한 논의는 뒤에서도 중요하기 때문에 여기서 한 번 더 강조한다.

그림 4-8로 돌아가서 오른편의 두 번째 슬릿이(FPPW의 오른쪽 끝의 슬릿(first slit)과 비교하기 위하여 두 번째 슬릿으로 표현한 것임) 있는 무한 평판($z = \epsilon$에 위치한)이 FPPW의 오른쪽 끝에 있는 슬릿($z = 0$에 위치한)에 매우 근접하여 위치한 구조를 생각해 보고자 한다.

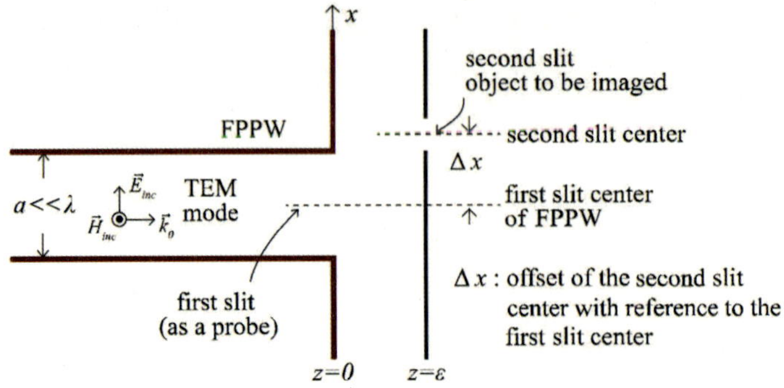

그림 4-8. NSOM에서 탐침과 영상화될 물체의 단순화 모델

먼저 도파관의 높이(a)가 파장보다 매우 작아서 TEM 모드의 파만 전파할 수 있다고 하자. 만일 $z=\epsilon$에 위치한 두 번째 슬릿이 있는 무한평판이 없다고 하면 대부분의 입사 전력은 슬릿으로부터 반사되어 $z<0$인 영역으로 되돌아가고 슬릿($z=0$)을 통하여 복사되는 전력은 매우 작게 된다. 또한 $a/\lambda \ll 1$일 경우에는 도파관의 개구로부터 발생하는 고차 모드들이 z방향을 따라가면서 지수함수적으로 급격히 감소한다. 따라서 슬릿 근처에 축적되는 무효 전력(reactive power)은 도파관의 안쪽($z<0$)보다 바깥쪽($z>0$)에 대부분 분포하게 된다. 이렇게 하여 도파관의 슬릿 근처의 바깥쪽에 축적된 무효 전력이 소멸장(evanescent field)을 구성하게 되고 이 영역에 이미징하려는 물체가 근접하여 위치하도록 하여 FPPW 내부의 반사파(의 세기)를 변화시키도록 한다. 여기에서는 $z=\epsilon$에 있는 두 번째 슬릿을 지닌 무한 도체 평판이 이미징하려는 물체에 해당됨을 유념하라. 생각하기 쉬운 예로서 첫 번째 슬릿을 지닌 FPPW를 x축을 따라 주사(scanning)하면서 반사계수의 변화를 감지하여(뒤에서 상세히 논의) 두 번째 슬릿의 위치를 찾아내고자 하는 문제로 보면 된다. 여기에서 이미징하려는 물체를 어떤 산란체로 하지 않고 슬릿을 지닌 평판으로 선택해서 설명하는 것이 다소 부자연스럽다고 느낄 수도 있는데 실제의 예로서 우리가 이미징하려고 하는 대상이 반도체 웨이퍼 상에 있는 크랙(crack)과 같은 결함이라고 생각한다면 지금 다루고 있는 것처럼 슬릿(crack에 해당되는)이 있는 평판을 이미징하려는 물체로 modelling 할 수 있는 것이다.

다음으로 $z=\epsilon$에 위치한 두 번째 슬릿의 역할을 살펴보고자 한다. 그림 4-8에 도시된 바와 같이 탐침(probe) 역할을 하는 플랜지가 있는 평행 평판 도파관의 개구(슬릿) 근처 소멸장(evanescent field)에, $z=\epsilon$에 이미징하고자 하는 물체로서 슬릿(두 번째)이 있는 평판을 놓게 되면, $z=\epsilon$에 슬릿(두 번째)이 있는 평판이 없을 경우에 비하여 $z=0$(첫 번째 슬릿)에서의 반사파가 감소되고 $z=\epsilon$에 있는 두 번째 슬릿을 통하여 $z>\epsilon$인 영역으로 복사되는 전력이 증가된다. 근접장 주사 현미경(NSOM) 분야에서는 이러한 상황을 "첫 번째 슬릿(탐침 역할) 근처의 소멸장 영역 내에 이미징하려는 물체(여기에서는 두 번째 슬릿을 가진 $z=\epsilon$에서의 도체 평판)를 갖다 놓으면 이미징하려는 물체가 없을 때의 탐침 근처에서의 축적 에너지와 탐침으로부터 오른쪽으로 복사되는 에너지의 비(ratio)가 상당히 변화하여 두 번째 슬릿을 통하여 복사되는 에너지 양이 변화(증가)한다."라고 표현한다.

계속해서 NSOM 관점에서 그림 4-8의 구조를 정량적으로 살펴보고자 한다. 이 문제를 엄밀히 다루기 위해 그림 4-9에서와 같이 두 슬릿을 단락하고 그 단락된 면 위에 적절한 등가 자계 전류 밀도(magnetic current density)를 대체한 다음, 그 전류 분포를 계산하기 위한 적분 방정식을 세우고 모멘트 법(method of moment) (참고 자료 [5] 참조)을 사용하여 수치해석을 한다. 일단 첫 번째 슬릿과 두 번째 슬릿에서의 자계 전류 밀도 분포를 계산하면 이 결과를 이용하여, 그림 4-9에 도시되어 있는 FPPW 내의 반사 전력(P_{ref}), $\pm x$방향으로 빠져나가는 전력($P_{\pm}$), 두 번째 슬릿을 통해 $z>\epsilon$인 영역으로 빠져나가는 복사 전력(P_{rad}), 그리고 FPPW의 오른쪽 끝단에 있는 첫 번째 슬릿($z=0$)에서의 등가 어드미턴스(Y_s)를 구하게 된다.

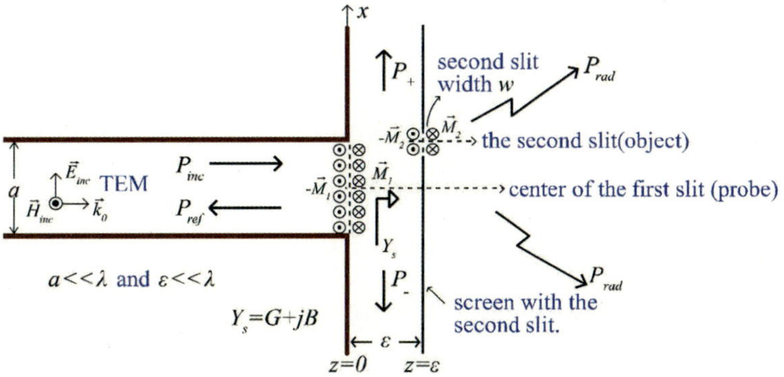

그림 4-9. 그림 4-8의 문제를 수치해석하기 위해 등가 자계 전류 밀도를 도입한 등가 문제(equivalent problem)

먼저 첫 번째와 두 번째 슬릿의 x축 방향으로의 상대적인 변위($\triangle x$)(그림 4-8 참조)를 파장(λ)으로 정규화한 값을 $\triangle x/\lambda$로, 복사 전력(P_{rad})을 입사 전력(P_{inc})으로 정규화한 값을 P_{rad}/P_{inc}로, 두 슬롯의 z축 변위 즉 두 슬릿을 포함하고 있는 두 도체 평판 간의 간격을 ϵ으로 정의한다. 그리고 그림 4-10에 $\epsilon=0.02\lambda$, $\epsilon=0.04\lambda$인 경우 $\triangle x/\lambda$의 함수로서 P_{rad}/P_{inc}의 그래프를 도시하였다. 이러한 계산을 위하여 첫 번째 슬릿 폭을 $a=0.1\lambda$, 두 번째 슬릿 폭을 $W=0.2\lambda$로 두고, 두 슬릿이 있는 각각의 평판은 두께가 0인 완전도체(PEC: perfect electric conductor) 재질로 되어 있고, 모든 매질은 자유 공간으로 되어 있으며 자유 공간 내의 파장을 λ라고 가정하였다. 그림 4-10은 $0 \leq (\triangle x/\lambda) \leq 1$ 범위에서 P_{rad}/P_{inc}의 변화를 보여주고 있다.

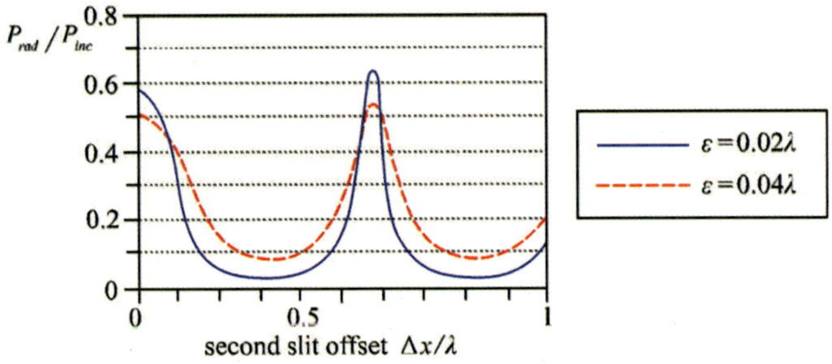

그림 4-10. 첫 번째와 두 번째 슬릿의 x축 변위($\triangle x/\lambda$)에 대한 복사 전력(P_{rad}/P_{inc})

그림 4-11은 $\epsilon=0.02\lambda$의 경우에 $\triangle x/\lambda$의 함수로서 정규화 복사 전력 P_{rad}/P_{inc}, P_{+}/P_{inc}, P_{-}/P_{inc}, $P_{slit}/P_{inc}[=(P_{rad}+P_{+}+P_{-})/P_{inc}]$을 $0 \leq (\triangle x/\lambda) \leq 1$의 범위에 대하여 도시하고 있다. 여기에서 P_{slit}은 첫 번째 슬릿을 통하여 오른쪽으로 빠져나가는 전체 전력($=P_{rad}+P_{+}+P_{-}$)을 의미하고 P_{rad}는 두 번째 슬릿을 통하여 오른쪽 반 공간으로 복사되는 전력을 의미한다. 여기에서 흥미로운 점은 두 번째 슬릿을 통하여 오른쪽 반 공간으로 빠져나가는 복사 전력(입사파 전력 P_{inc}로 정규화된)P_{rad}/P_{inc}은 두 슬릿의 x축 변위($\triangle x/\lambda$, 이제부터 '오프셋'이란 용어로 부른다.)가 '0'일 때뿐만 아니라 근사적으로 반 파장의 정수배가 되는 경우에도 최대가 된다는 것이다. 이러한 특성은 이 구조를 NSOM 분야에 적용할 때, 결점이 될 수가 있다.

하지만 참고 자료 [5]에서 지적된 바와 같이 다중 주파수 전원(multiple frequency source)을 사용하면 오프셋이 '0'인 경우에는 원래의 값(그림 4-11에 주어진 값)보다 더 큰 공진 최대점(여러 주파수 성분에 의한 건설적 간섭에 의하여)을 갖도록 하면서, 반 파장의 정수배가 되는 다른 오프셋 지점에서는 원래의 값과 유사한 레벨을 유지하게 함으로써 이러한 문제점을 해결할 수 있다. 또한 그림 4-10에서 볼 수 있듯이 $\epsilon = 0.02\lambda$, $\epsilon = 0.04\lambda$인 두 가지 경우를 비교해 봄으로써 ϵ값이 커질수록 공진이 발생하는 지점, 즉 오프셋이 대략 '0' 근처 또는 반 파장의 정수배 근처인 지점에서의 최대값은 상대적으로 작아지고, 그러한 최대치 값들 근처에서는 그래프의 폭이 넓어짐을 알 수 있다.

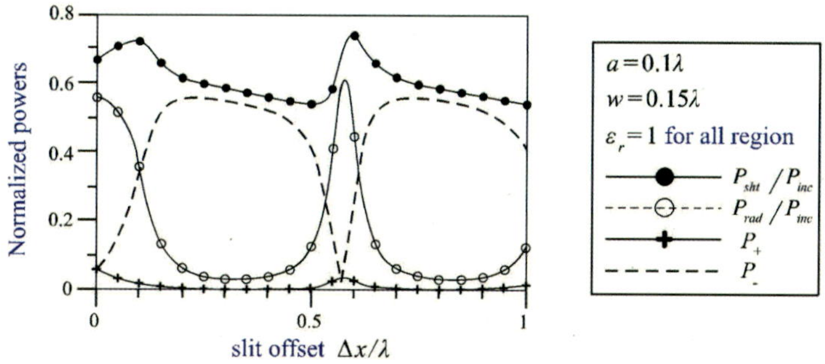

그림 4-11. 두 슬릿의 오프셋에 대한 P_{rad}/P_{inc}, P_+/P_{inc}, P_-/P_{inc}, $P_{slit}/P_{inc}[=(P_{rad}+P_+ +P_-)/P_{inc}]$의 그래프($\epsilon = 0.02\lambda$, $0 \le (\Delta x/\lambda) \le 1$)

계속해서 오프셋이 '0'인 경우를 제외하고 대략 반 파장의 정수배가 되는 지점, 즉 $\Delta x = \pm n(\lambda/2)(n=1,2,3,\cdots)$인 경우에 두 번째 슬릿을 통하여 오른쪽 반 공간으로 빠져나가는 복사 전력이 최대값을 갖는 이유를 살펴보려고 한다. 이미 제2장에서 논의한 바와 같이 도파관 구조에서의 높이(a)가 파장에 비해 충분히 작으면 FPPW의 끝부분, 즉 $z=0$에 있는 슬릿은 개방회로처럼 동작한다. 그러한 상황하에서 그림 4-12는 오프셋($\triangle x$)이 대략 반 파장에 해당되는 경우를 예로 들어 도시하고 있다.

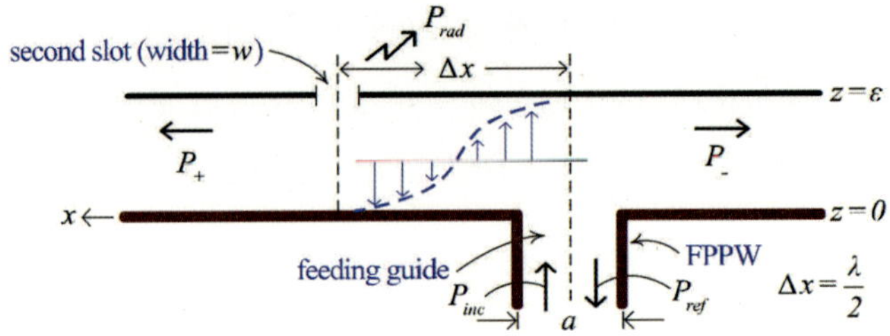

그림 4-12. 오프셋이 $\Delta x = \dfrac{\lambda}{2}$인 경우의 전장 분포

이 경우 $z=0$에 있는 FPPW의 플랜지 면과 두 번째 슬릿을 갖는 무한평판 사이($z=\epsilon$에 위치한)에 평행 평판 도파관과 동일한 도파구조가 형성된다. 이 도파구조의 높이는 원래의 급전 FPPW 폭(a)의 경우와 같이 파장보다 충분히 작은 ϵ값을 갖는다. 따라서 첫 번째 슬릿과 두 번째 슬릿(두 슬릿의 중심 위치를 점선으로 표시한)이 개방회로처럼 동작하여 두 슬릿 간에 공동(cavity)이 형성되고, 그림 4-12에 도시된 바와 같이 그 내부에 강한 공진 모드가 발생한다. 이는 제2장에서 소개한 개구 결합 복사구조(aperture coupled radiating structure)와 근접 결합 복사구조(proximity coupled radiating structure)의 물리적 상황과 같다. 즉 그림 4-12의 그림에서와 같이 공진 공동(resonant cavity)이 형성되고 그 안에 강한 공진 모드(cosine 함수 형태의)가 발생하는 모습은 우리가 이미 제2장에서 다루었던 두 가지 구조(개구 결합형과 근접 결합형 마이크로 스트립 안테나의 단순화된 구조)에서 구성되었던 공진기(cavity)와 그 안에 형성되는 강한 공진 모드의 전자계 분포의 물리적 특징과 동일하다. 이러한 강한 공진 모드의 전자계가 형성되기 때문에 오프셋이 대략 반 파장인 위치에서 두 번째 슬릿을 통하여 빠져나가는 복사 전력이 최대가 된다. 지금 다루고 있는 그림 4-12의 구조와 제2장에서 다루었던 두 가지(마이크로 스트립 안테나의) 단순화된 구조와의 근본적인 차이점은 제2장에서 다루었던 두 가지 마이크로 스트립 안테나의 단순화된 구조에서는 위쪽의 반 공간으로 복사하는 슬릿 구조가 도체 스트립의 좌우 양쪽 끝에 위치한 2개의 슬릿으로 구성되었는데, 이와는 달리 지금 다루고 있는 그림 4-12 구조에서는 $z=\epsilon$에 있는 평판의(두 번째) 슬릿 한 개에 의하여 위쪽으로 복사가 일어난다는 점이다.

그림 4-11을 꼼꼼하게 살펴보면 알 수 있듯이 두 번째 슬릿을 통하여 빠져나가는

복사 전력(P_{rad}/P_{inc})의 피크(최대) 값은 오프셋 Δx가 대략 $\Delta x = \pm n\lambda/2 \, n \neq 0$인 경우가 $\Delta x = 0$인 경우에 비하여 더 크다. 이러한 현상을 어떻게 설명할 것인가? 오프셋이 $\Delta x = 0$인 경우에는 공동(cavity)이 형성되지 않아서 강한 공진 모드가 발생되지 못하고 그림 4-13에 도시되어 있는 바와 같은 전계분포를 가진다.

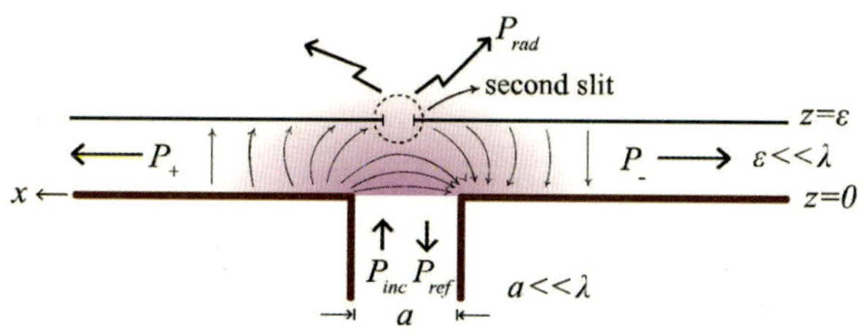

그림 4-13. 오프셋이 '0'인 경우의 전장 분포

그림 4-13에서 알 수 있듯이 오프셋 Δx가 $\Delta x = 0$인 경우의 전계 분포는 초고주파 공학에서 널리 쓰이는 수동소자인 magic tee 구조의 전계면 접합(E-plane junction)에서의 전계분포와 매우 유사하다. 따라서 오프셋 Δx가 $\Delta x = 0$인 경우에는 공진 공동(resonant cavity)이 형성되지 않으며 이러한 결과로 $\pm x$방향으로 $0 \leq z \leq \epsilon$에 형성된 평행 평판 도파관 구조를 따라 진행되어 가는 전력($P_\pm$)이 $\Delta x \cong (n\lambda/2)(n \neq 0)$인 경우의 $P_\pm$와 비교해서 약간 증가한 값을 갖게 된다(세밀히 관찰할 것). 이러한 논의에 근거하여 오프셋 Δx가 $\Delta x = 0$인 경우에 $z = \epsilon$에 있는 두 번째 슬릿을 통해 빠져나가는 복사 전력의 최대값이 $\Delta x \cong (n\lambda/2)(n \neq 0)$인 경우에 비하여 작아지는 이유를 이해할 수 있다. 이러한 특징은 그림 4-14에 도시되어 있는 바와 같이 FPPW(flanged parallel plate waveguide)의 슬릿 부분($z = 0$)에 아이리스(iris)를 만들어 준 구조에서 더 명확히 관찰할 수가 있다. NSOM(near-field scanning optical microscopy) 분야에서 해상도를 개선하기 위해서는 오프셋 Δx가 $\Delta x = 0$인 위치에서 $z = \epsilon$에 있는 두 번째 슬릿을 통하여 복사되는 전력(P_{rad}/P_{inc}) 곡선의 최대치를 중심으로 첨예하게 하는 것이 좋다.

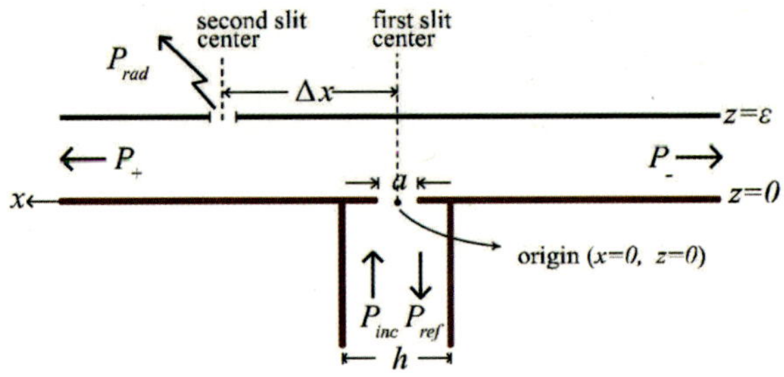

그림 4-14. 첫 번째 슬릿($z = 0$)에 아이리스(iris)가 있는 경우

그림 4-15는 $\epsilon = 0.01\lambda$인 경우에 $0 \leq (\Delta x/\lambda) \leq 1$ 범위에서 급전 도파관에서의 입사 전력 P_{inc}로서 정규화된 전력 P_{rad}/P_{inc}, P_+/P_{inc}, P_-/P_{inc}, P_{slit}/P_{inc} $[= (P_{rad} + P_+ + P_-)/P_{inc}]$를 $\Delta x/\lambda$의 함수로 하여 도시한 그래프이다. 그림 4-15의 그래프로부터 알 수 있듯이 오프셋 Δx가 $\Delta x \cong 0.5\lambda$인 경우와 $\Delta x \cong 0$인 두 경우의 최대치 근처에서 곡선의 첨예도가 그림 4-11에서의 해당 곡선의 첨예도에 비하여 보다 더 첨예하다. 보다 첨예할수록 NSOM 분야의 해상도 면에서 볼 때 보다 나은 성능을 의미하는 것이다. 참고 자료 [5]의 결과와 비슷하게 오프셋 Δx가 $\Delta x \cong 0.5\lambda$인 경우 $z = \epsilon$에 있는 두 번째 슬릿을 통하여 복사되는 전력(P_{rad}/P_{inc})에 비하여 오프셋 Δx가 $\Delta x \cong 0$인 경우에 두 번째 슬릿을 통한 복사 전력(P_{rad}/P_{inc})이 적잖이 작음을 알 수 있다. 급전 도파관을 x축을 따라 주사(scanning)하면서 반사 전력(P_{ref}/P_{inc})의 변화를 감지하여 $z = \epsilon$에 있는 두 번째 슬릿의 위치를 찾고자 하는 공학적 문제를 해결해야 한다고 할 때, 오프셋 Δx가 $\Delta x \cong 0$일 때 두 번째 슬릿을 통하여 빠져나가는 전력(P_{rad}/P_{inc})이 오프셋 Δx가 $\Delta x \cong n\frac{\lambda}{2}$일 때보다 충분히 커야 오프셋 Δx가 $\Delta x \cong 0$인 경우에 급전 도파관에서의 반사 전력(P_{ref}/P_{inc})의 변화를 감지하기가 편하게 되어 두 번째 슬릿이 있는 위치(즉, $\Delta x \cong 0$)를 바로 찾아낼 수 있게 된다. 즉 오프셋 Δx가 $\Delta x \cong 0$일 때 P_{rad}/P_{inc}가 최대가 되고, $\Delta x \cong 0$의 근처에서 Δx 값이 변함에 따라 P_{rad}/P_{inc} 값의 변화도 급격해야 $\Delta x \cong 0$의 근처에서 P_{ref}/P_{inc}의 변화를 명확하게 찾아낼 수가 있다. 여기에서 $P_{ref} = P_{inc} - P_{slit}$ $= P_{inc} - (P_{rad} + P_- + P_+)$이며 P_{rad}가 최대값을 지닐 때 $P_+ + P_-$는 P_{rad}에 비해

상당히 작다는 사실을 기억하라.

전술한 바와 같이, 오프셋 $\triangle x$가 $\triangle x \cong 0$인 곳에서 P_{rad} 값이 $\triangle x = n\frac{\lambda}{2}$일 때의 P_{rad} 값보다 크게 만들어 주어 $\triangle x \cong 0$인 곳에서 P_{ref}/P_{inc}의 변화를 감지하기 쉽게 하는 것이 보다 더 유용하다고 하겠다. 이러한 목적을 위하여 참고 자료 [5]에 제시된 바와 같이 형광 근접장 주사 현미경(fluorescence near-field scanning microscopy)에 사용되는 다중 주파수 전원(multiple frequency source) 방식을 사용하면 이러한 목적을 구현할 수가 있다.

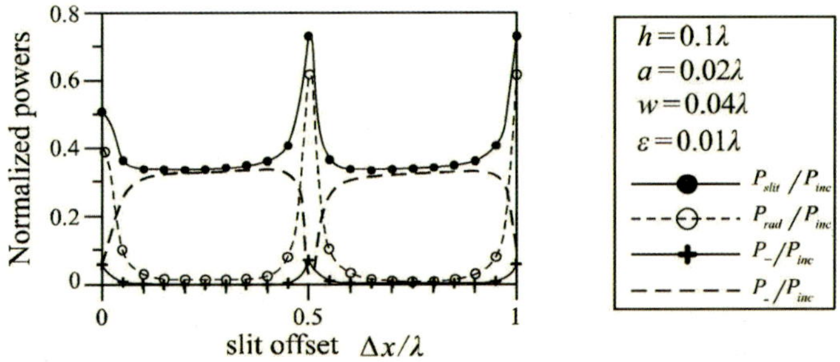

그림 4-15. $\epsilon = 0.01\lambda$인 경우에 $0 \le (\triangle x/\lambda) \le 1$의 범위에서 $\triangle x/\lambda$에 대한 정규화 복사 전력 P_{rad}/P_{inc}, P_{+}/P_{inc}, P_{-}/P_{inc}, $P_{slit}/P_{inc}\,[=(P_{rad}+P_{+}+P_{-})/P_{inc}]$ 그래프

계속해서 그림 4-15의 결과와 그림 4-16의 결과를 비교해 보면 중요한 사실을 관찰할 수 있다. 먼저 그림 4-16은 참고 자료 [5]에 나타난 구조와 $\triangle x/\lambda$에 대한 $T(=P_{trans}/P_{inc(normal)})$의 그래프이다. 여기서 $P_{inc(normal)}$은 그림 4-16의 그림에서 왼쪽에서의 입사파가 수직입사(normal incidence)하는 경우를 의미한다. 그림 4-10과 그림 4-16을 잘 살펴보면 두 경우 모두에 대하여 두 평판 사이의 간격 ϵ이 증가함에 따라 최대값(피크) 근처에서의 첨예도도 떨어지고 최대값 자체도 감소함을 알 수 있다.

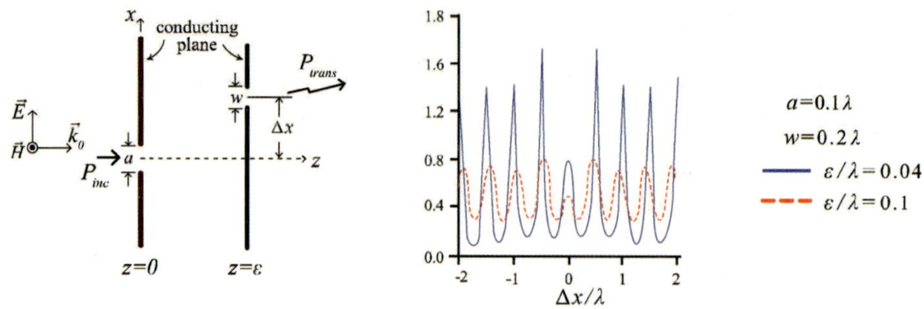

(a) 참고 자료 [5]의 구조

(b) $\begin{pmatrix}\epsilon/\lambda=0.04\\ \epsilon/\lambda=0.1\end{pmatrix}$인 경우에 $\Delta x/\lambda$에 대한 투과 계수

그림 4-16. 참고 자료 [5]의 구조와 그 투과 계수 $T(=P_{trans}/P_{inc(normal)})$ 그래프

4. 기존의 NSOM 모델의 설명 방식

이어서 NSOM 관련 text book에서 이미징의 동작 원리를 논의할 때 널리 사용되는 설명 방식에 대하여 잠시 알아보기로 하자. 그림 4-17은 NSOM 분야에서 자주 사용하는 탐지물체(이미징을 하고자 하는 객체로서)와 탐침(probe)의 단순화 모델(참고 자료 [2]~[7] 참조)이다. 이번 논의에서는 $z=\epsilon$에 있는 두 번째 슬릿이 탐침(probc) 역할을 하고, $z=0$에 있는 첫 번째 슬릿이 이미징하려는 객체(물체) 역할을 하고 있음을 유념하라. 폭이 매우 좁은 첫 번째 슬릿의 왼쪽에서 입사파가 입사한다고 할 때 $z=0$에 있는 좁은 슬릿의 오른편으로 투과되는 전자파 에너지는 매우 적고 상대적으로 좁은 슬릿 근처에 축적된 리액티브 에너지가 크다는 사실을 앞에서 논의한 바 있다. 이러한 리액티브 에너지가 축적되어 있는 영역에 존재하는 소멸장(evanescent field) 내에 어떤 산란체(여기에서는 $z=\epsilon$에 있는 두 번째 슬롯을 가진 도체 평판으로서 탐침에 해당)가 놓이게 되면 이러한 산란체가 도입되기 전에 비하여 $z=Z$에 있는 탐지기(detector)에 도달되는 에너지가 증대하게 된다. 즉 $z=Z$ 쪽으로 진행(전파)하는 전자파(광파) 에너지가 증대하게 된다. 이러한 상황에서 탐침 역할을 하는 $z=\epsilon$에 있는 두 번째 슬릿을 $\pm x$방향으로 주사하면서 $z=Z$에 있는 탐지기에 잡히는 에너지 크기를 읽어 내어 $z=0$에 있는 첫 번째 슬릿의 위치를 찾아내도록 고안된 구조가 바로

그림 4-17의 구조임을 유념해야 한다.

따라서 그림 4-17의 구조와 지금 다루고 있는 그림 4-8의 구조 간에는 중요한 차이가 있다. 즉 그림 4-8의 구조에서는 $z \leq 0$에 있는 플랜지가 있는 평행 평판 도파관이 탐침 역할을 하고 $z = \epsilon$에 있는 두 번째 슬릿이 이미징하려는 물체(객체) 역할을 하고 있다. 따라서 첫 번째 슬릿을 $\pm x$축 상을 따라 주사(scanning)하면서 $z \leq 0$의 평행 평판 도파관 내의 반사파 크기 변화로부터 $z = \epsilon$에 있는 두 번째 슬릿의 위치를 찾고자 하는 것이다. 즉, 이러한 경우 탐침 구실을 하는 플랜지가 있는 평행 평판 도파관의 개구 근처 소멸장 부근에 산란체(두 번째 슬릿이 있는 도체 평판)가 놓이게 되면 평행 평판 내의 반사파 레벨이 변화하게 되고 이러한 변화를 감지하여 두 번째 슬릿의 위치를 찾아내게 된다. 그러나 이와는 달리 그림 4-17의 경우, 입사파가 첫 번째 슬릿을 지닌 도체 평판(이미징하려는 물체)의 왼쪽에서 입사할 때 첫 번째 슬릿의 바로 오른쪽 근처에는 소멸장(투과파는 매우 작음)이 형성되고 이러한 영역에 산란체, 즉 두 번째 슬릿을 갖는 도체 평판을 놓게 되면, 두 번째 슬릿을 갖는 도체 평판이 없는 경우에 비하여 $z = Z$의 위치에 있는 탐지기에 보다 많은 전력이 수신된다. 이러한 탐지기에서의 수신전력 변화를 이용하여 첫 번째 슬릿의 위치와 크기를 알 수 있다. 따라서 그림 4-8의 경우 $z = \epsilon$에 있는 두 번째 슬릿이 이미징하려는 물체(또는 객체)이고 $z \leq 0$의 위치에 있는 플랜지가 있는 평행 평판 도파관 구조가 탐침에 해당되는 반면, 그림 4-17의 경우 $z = \epsilon$에 있는 두 번째 슬릿이 탐침에 해당되고 $z = 0$에 있으며 그 왼쪽에서 입사파가 입사되고 있는 첫 번째 슬릿이 이미징하려는 물체에 해당되는 점이 중요한 차이점이라고 하겠다. 즉 이미지를 얻기 위하여 주사(scanning)하는 구조가 탐침에 해당되고 근접장 주사 현미경(NSOM)의 동작 원리를 구현하기 위해서는 이미징해야 할 물체(객체)나 탐침에 관계없이 둘 중의 한 구조 주위에는 반드시 근접장(near-field)으로서의 소멸장(evanescent field)이 형성되어 있어야 하며, 이러한 소멸장 내에 근접 산란체로서의 탐침 또는 물체(이미징 해야 할)가 놓여, 그 상호 작용의 결과로서 해상도가 높은 근접장 주사 현미경이 구현될 수 있는 것이다.

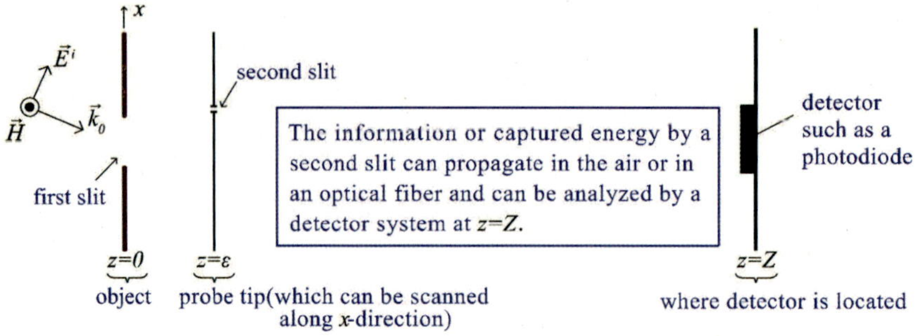

그림 4-17. NSOM 분야에서 널리 사용되는 탐지물체(object)와 탐침(probe tip)의 단순화된 모델 - 두 번째 슬릿을 통해 빠져나온 정보 및 에너지는 공기 매질이나 광섬유를 통해 $z=Z$인 지점으로 전파하며 그곳에 놓여 있는 탐지기에 의해서 원래 정보(예를 들어 첫 번째 슬릿의 위치)를 얻어 냄.

근접장 주사 현미경(NSOM) 분야의 설명 방식에 의하면, 그림 4-17에서 $z=\epsilon$에 위치한 두 번째 슬릿에 해당되는 탐침(probe tip)의 역할은 다음과 같다. 이러한 탐침 구조가 없을 때 첫 번째 슬릿(즉 $z=0$에 있는 도체 평판에 있으며, 이미지를 얻고자 하는 객체로서)의 왼쪽의 입사파는 이미지를 얻고자 하는 첫 번째 슬릿(객체) 오른쪽에 소멸장(evanescent field)을 형성하게 된다. 이러한 소멸장은 z의 양의 방향으로 가면서 지수함수적으로 감쇄하며 $z=Z$의 위치에 있는 탐지기에서의 수신 전력은 매우 작게 된다. 그러나 $z=\epsilon$에 위치한 두 번째 슬릿에 해당되는 탐침 구조가 첫 번째 슬릿($z=0$에 있는 객체에 해당되는)에 의한 소멸장 내에 놓이게 되면 진행파 모드 전력이 증대되어 $z=Z$에 위치한 탐지기까지 연결되어 있는 공기층 매질 또는 광섬유를 통하여 전파(propagate)되어 탐지기에서의 수신 전력이 상대적으로 증대하게 된다. 그 결과 초분해능(super-resolution) (참고 자료 [6], [7] 참조)을 갖는 근접장 주사 현미경(NSOM)의 구현이 가능하게 되는 것이다. 근접장 주사 현미경의 경우와는 달리 기존 현미경의 경우는 $z=\epsilon$에 있는 탐침 역할을 하는 구조가 없기 때문에 이미 앞에서 설명한 바와 같이, $z=0$에 있는 첫 번째 슬릿(이미지를 얻고자 하는 물체에 해당되는)에 의한 회절의 결과 형성되는 소멸장(첫 번째 슬릿의 바로 오른편에 축적되는 에너지 형태로서 존재하는)은 z방향으로 가면서 지수 함수적으로 감쇄되기 때문에 이러한 소멸장에 포함되어 있는 첫 번째 슬릿의 정보는 소멸되고 오직 진행(전파) 가능한 적은 양의 전파 에너지만 탐지기($z = Z$에 있는)에 수신될 수 있다. 즉, 초분해능은 소멸장 내에 있는 물체에 대한 정보에 의하여 얻어질 수 있는데 기존의 현미경 시스템에서는 소멸장을 이용하지 않고 전파 모드의 에너지를 수신하여 이용하기 때문에 여기에서 논의하고 있는 근접장 주사 현미경에서 얻을 수 있는 초해상도의 영상을 얻을 수 없는 것이다.

그림 4-17의 구조와 그림 4-8의 구조를 비교하여 정리해 보자. 그림 4-8의 구조는 FPPW(flanged parallel plate waveguide)로 구성되어 있는 실제적인 급전 구조를 가지기 때문에 그림 4-17에 주어진 구조보다 실제 탐침으로 사용하기에 더 적합하다. 또한 그림 4-17의 구조는 오프셋이 '0'인 경우 $z = \epsilon$에 있는 두 번째 슬릿을 통하여 $z > \epsilon$인 반 공간으로 빠져나가는 복사 전력 P_{rad}의 최대값이 오프셋이 $\triangle x = \pm \frac{n\lambda}{2}, n \neq 0$인 경우보다 더 작아서 NSOM에 적용하기 적합하지 않다는 사실을 간과하고 있다(물론 다중 주파 전원 방식을 채택하면 극복이 되지만).

그림 4-17의 구조에서 오프셋 $\triangle x$(x축 방향으로 첫 번째 슬릿 중심과 두 번째 슬릿 중심 간의 거리)가 '0'인 경우의 P_{rad}가 오프셋 $\triangle x = \pm \frac{n\lambda}{2} (n \neq 0)$인 경우의 P_{rad}에 비하여 작은 이유는 오프셋 $\triangle x = 0$인 경우에 평행 평판 도파관 구조를 따라 $+x$ 방향과 $-x$방향으로 빠져나가는 전력인 P_+와 P_-가(그림 4-12와 그림 4-13 참조) $\triangle x = \pm \frac{n\lambda}{2} (n \neq 0)$인 경우에 비하여 (미약하지만) 상대적으로 크기 때문이다.

위에서 논의한 바와 같이 NSOM(near-field scanning optical microscopy) 구조의 단순화된 모델로서 그림 4-17의 구조를 선택하는 이유는, NSOM 모델로서 전술한 바와 같은 단점이 있음에도 불구하고, 수치 해석상의 간편함 때문이다. 그리고 여기에서 한 번 더 강조해야 될 사항이 있다. 즉 NSOM 분야에서는 소멸장(evanescent field) 내에 도입된 산란체의 역할에 대하여 "어떤 소멸장 내에 산란체가 놓이게 되면 소멸장 모드(evanescent mode)가 전파 모드(propagating mode)로 변환된다."라는 표현을 하는데 이러한 표현이 과학적으로 엄밀한 의미에서 타당한지 그렇지 않은지에 대하여 더 생각해 보아야 할 것이다. 여기에서 소멸장은 이미지를 얻고자 하는 물체(object)에 입사파를 인가하여 생기는 결과로서 형성된 전자기장이 될 수도 있고(이 경우에는 산란체라는 단어는 탐침을 의미함) 이와는 달리 탐침의 급전부에서 입사되는 전자파에 의하여 탐침의 개구 근처에 형성되는 전자기장을 의미할 수도 있다(이 경우에 산란체라는 단어는 이미지를 얻고자 하는 물체를 의미함).

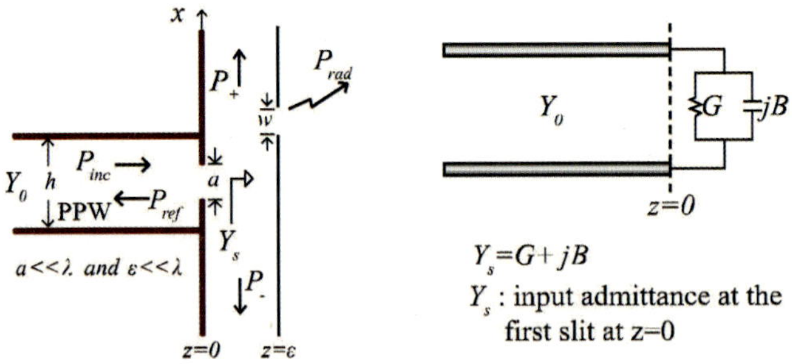

그림 4-18. 탐침($z \leq 0$)과 탐지 물체($z = \epsilon$)의 단순화된 모델과 첫 번째 슬롯에서의 입력 어드미턴스 $Y_s (= G + jB)$

앞에서의 논의를 좀 더 명확히 하기 위하여 그림 4-18의 왼쪽 구조의 $z = 0$에 위치한, 폭이 a인 슬릿에서 $z \geq 0$인 영역으로 바라다본 슬릿 어드미턴스 Y_s에 대하여 조사해 보았는데 그 슬릿에 대한 등가회로는 오른쪽에 도시되어 있다. 등가회로 표현에서 슬릿 어드미턴스 Y_s는 $Y_s = G + jB$로 표현되어 있으며 왼쪽 전송선의 Y_0는 평행 평판 도파관의 특성 어드미턴스(characteristic admittance)를 의미한다. $z = \epsilon$인 위치에 있는 무한 도체 평판(두 번째 슬릿이 있는)이 없을 때, $z = 0$인 평면에 있는 폭이 a인 첫 번째 슬릿에서 $z \geq 0$인 영역(반 공간)으로 바라다본 슬릿 어드미턴스 Y_s를 구해 보면 허수부에 해당하는 서셉턴스(susceptance) $B(= Im[Y_s])$ 값이 실수부에 해당하는 컨덕턴스(conductance) $G(= Re[Y_s])$ 값에 비하여 상당히 큰 값을 지니게 됨을 알 수 있다(아래 그림 4-19 참조). 이는 입사 전력 P_{inc}의 대부분이 $z = 0$인 슬릿 개구면에서 반사되어 $z < 0$인 영역으로 되돌아가기 때문에, 슬릿을 통하여 $z \geq 0$인 반 공간으로 복사(투과)되는 에너지가 매우 작음을 의미하며 동시에 리액티브(커패시티브) 에너지가 슬릿 근처에 축적되어 있음을 의미한다. 특히 슬릿 주위의 축적 에너지는 급전 평행 평판 도파관의 높이 h가 파장에 비하여 작을수록 슬릿 왼쪽의 도파관 영역보다는 슬릿 외부($z \geq 0$)의 슬릿 근처에 집중적으로 축적되어 있음을 잘 유념해 두어야 한다.

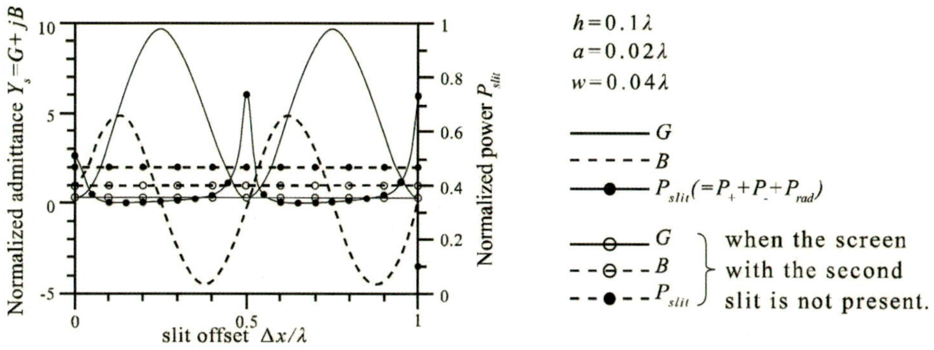

그림 4-19. $z = \epsilon$에 도체 평판(두 번째 슬릿이 있는)이 없는 경우와 있는 경우에 대한 $z = 0$의 첫 번째 슬릿을 통하여 $z \geq 0$인 영역으로 빠져나가는 전력 P_{slit}과 이 슬릿에서 $z \geq 0$ 영역으로 바라다 본 입력 어드미턴스 $Y_s(G + jB)$.

이번에는 $z = \epsilon$에 무한 도체 평판(두 번째 슬릿이 있는)이 있는 경우에 대하여 논의해 보자. 이러한 경우 그림 4-19에서 첫 번째 슬릿($z = 0$에 있는)을 통하여 오른쪽으로 빠져나가는 전력 P_{slit}은 $P_+ + P_- + P_{rad}$의 합으로 주어지는데 여기에서 P_+와 P_-는 $0 \leq z \leq \epsilon$ 사이에 형성된 평행 평판 도파관 영역에서 각각 x의 $+$방향과 $-$방향으로 진행되어 가는 전력을 의미하고 P_{rad}는 $z = \epsilon$에 있는 두 번째 슬릿을 통하여 $z > \epsilon$인 반무한 공간으로 복사되는 전력을 의미한다. $z = 0$에 있는 첫 번째 슬릿에서 오른쪽으로 바라다본 슬릿 어드미턴스 $Y_s(= G + jB)$의 컨덕턴스 G 값은 $P_{slit}(= P_+ + P_- + P_{rad})$이 최대가 되는 부분을 제외한 구간에서는 현저하게 증가하는 반면에 서셉턴스 B 값은($z = \epsilon$에 두 번째 슬릿을 지닌 도체 평판이 없는 경우에 비하여) 진폭이 큰 정현파 형태로 변화함을 알 수 있다.

앞에서도 살펴본 바와 같이 $z = 0$에 있는 첫 번째 슬릿을 통해 오른쪽으로 빠져나가는 전력 $P_{slit}(= P_+ + P_- + P_{rad})$은 오프셋 Δx가 $\Delta x = n\frac{\lambda}{2}(n = 1)$일 때 최대가 된다는 것을 알 수 있다(그림 4-19 참조). 특히 오프셋 Δx가 $\Delta x \cong 0.5\lambda$인 경우에 $z = 0$인 곳에 있는 첫 번째 슬릿에서 오른쪽으로 바라다본 어드미턴스 $Y_s(= G + jB)$는 $z = \epsilon$에 있는 두 번째 슬릿을 지닌 두 번째 평판이 없는 경우와 비교하여, 실수부(G)의 값은 거의 그대로 유지되는 반면 허수부(B)의 값은 0이 됨을 확인할 수 있다. 이렇게 $z = 0$에 있는 슬릿에서 오른쪽으로 바라다본 어드미턴스 Y_s의 허수부인 서셉턴스 B 값이 0이 된다고 하는 것은 $z=0$과 $z=\epsilon$의 두 평판 사이에 평행 평판 도파관 구조가 형성되는 동시에 이렇게 형성된 도파관 구조에서 도파관의 높이에 해당되는 ϵ이 파장에 비하여 충분히 작은 경우에는 아무리 폭이 좁은 슬릿이라도 개방회로(open circuit) (자계벽 -magnetic wall-으로 대체될 수 있는)와 같이 동작하므로, 전술한 바와 같이 형성된 평행 평판 도파관 구조에서 $z=0$에 있는 첫 번째 슬릿과 $z=\epsilon$에 있는 두 번째 슬릿 사이에 공진기 구조가 형성되어 공진이 일어나게 되고 이러한 공진기 내에 강한 공진 모드의 전자계 모드가 형성되어 이러한 결과로 두 번째 슬릿을 통하여 최대의 복사가 일어나게 된다는 물리적 의미를 함축하고 있다.

한편 오프셋 $\triangle x$가 $\triangle x \cong 0$인 경우 $z=0$에 있는 첫 번째 슬릿에서 오른쪽으로 바라다본 어드미턴스 $Y_s(G+jB)$를 살펴보면, $z=\epsilon$인 곳에 도체 평판(두 번째 슬릿이 있는)이 없는 경우에 비하여, 컨덕턴스 G 값은 약간 증가하는 반면(그래프로 확인하기에는 증가 폭이 작지만), B 값은 거의 동일하게 유지됨을 알 수 있다. 따라서 $z=\epsilon$에 두 번째 슬릿을 갖는 도체 평판이 있는 경우의 $P_{slit}(P_+ + P_- + P_{rad})$는 $z=\epsilon$에 두 번째 슬릿을 갖는 도체 평판이 없는 경우의 P_{rad}보다 어느 정도 큰 값을 갖게 된다. 참고로, 슬릿의 어드미턴스 $Y_s(G+jB)$를 angular power spectrum 형태로 표현하면 다음과 같이 주어진다(참고 자료 [11] 참조).

$$G=\frac{4}{\lambda\eta_0 a^2}\int_{-k_0}^{k_0}\frac{\sin^2(k_x a/2)}{k_x^2\sqrt{k_0^2-k_x^2}}dk_x \tag{4}$$

$$B=\frac{4}{\lambda\eta_0 a^2}\left[\int_{-\infty}^{-k_0}\frac{\sin^2(k_x a/2)}{k_x^2\sqrt{k_x^2-k_0^2}}dk_x+\int_{k_0}^{\infty}\frac{\sin^2(k_x a/2)}{k_x^2\sqrt{k_x^2-k_0^2}}dk_x\right] \tag{5}$$

이 표현식에서 슬릿의 컨덕턴스(G)는 가시(visible) 영역($|k_x|< k_0$)에서 식 (4)를 적분한 것이다. 반면에 슬릿 서셉턴스(B)는 비가시(invisible) 영역($|k_x|> k_0$)에서 식 (5)를 적분한 것이다.

오프셋 $\triangle x$가 $\triangle x \cong 0$인 경우에는 이미 전술한 바와 같이, 그림 4-19의 그래프로부터 알 수 있듯이, $z=\epsilon$에 도체 평판(두 번째 슬릿이 위치한)이 없는 경우에 비하여 컨덕턴스 $G(=Re[Y_s])$ 값은, 증가폭은 미약하지만, 증가하는 반면 서셉턴스 $B(=Im[Y_s])$ 값은 변화 없이 그대로 유지된다. 이 결과는 식 (4)에서 피적분 함수가 미약하나마 증가하여 전체 적분 값이 증가했다는 관점으로도 해석이 가능하다. 즉 전파 모드(propagating mode)를 갖는 전자파 성분들의 크기가 증대되어 더 큰 값으로 적분된 결과라는 해석이다. 반면에 오프셋 $\triangle x$가 $\triangle x \cong \frac{\lambda}{2}$인 경우에는, $z=\epsilon$인 곳에 도체 평판(두 번째 슬릿이 있는)이 없는 경우에 비하여, 컨덕턴스 G 값은 변화하지 않지만, 서셉턴스 B 값은 0으로 된다는 논의는 전술한 바와 같다.

오프셋 $\triangle x$가 $\triangle x \cong 0$인 경우 $z=0$의 위치에 있는 슬릿을 통하여 오른쪽, 즉 $z \geq 0$인 영역으로 빠져나가는 투과 전력 P_{slit}의 최대값이 나타나는 경향은 제2장에서 논의된 기생형 복사 구조에서의 복사 전력의 최대값이 나타나는 경향과 유사하다. 본 구조에서 $z=0$의 슬릿을 통하여 도파관 영역 외부($z \geq 0$)로 빠져나가는 전자파의 전계 분포는 그림 4-13과 같고 이러한 기생형 전자기 결합과 유사한 형태의 복사가 발생할 때에는 공진기(cavity) 구조가 형성되지 않는다. 반면에 오프셋 $\triangle x$가 $\triangle x \cong \frac{\lambda}{2}$인 경우에는 제2장에서 기술했던 공진기 구조(cavity type)와 본질적으로 동일한 구조가 형성되어 복사 전력 P_{rad}이 최대가 되는 것이다. 지금 논의하고 있는 주제를 위하여 NSOM용 탐침 구조로서 제안된 그림 4-18(4-14 또는 4-12)의 FPPW 구조를 임피던스 정합(impedance matching)의 관점에서 살펴보기 위하여 P_{ref}/P_{inc}로 정규화하여 정의된 반사 전력 P_{ref}과 $Y_s(G+jB)$를, $z=\epsilon$에 도체 평판(두 번째 슬릿이 있는)이 있는 경우와 없는 경우를 비교하여 아래 그림 4-20에 도시하였다.

임피던스 정합의 관점에서 그림 4-20을 면밀히 살펴보면 오프셋 $\triangle x$가 $\triangle x \cong 0$, $\triangle x \cong \frac{\lambda}{2}$, 그리고 $\triangle x \cong \lambda$, 즉 $\triangle x \cong n\frac{\lambda}{2}(n=0,1,2\cdots)$인 경우에 $z=0$의 위치에 있는 첫 번째 슬릿에서 반사파 전력이 상당히 감소한다는 사실을 알 수 있고 이로부터 이러한 경우에 임피던스 정합 특성이 좋아진다는 사실을 관찰할 수 있다. $z=\epsilon$인 위치에 도체 평판(두 번째 슬릿 있는)이 있는 경우, 이러한 도체 평판(두 번째 슬릿이 있는)을

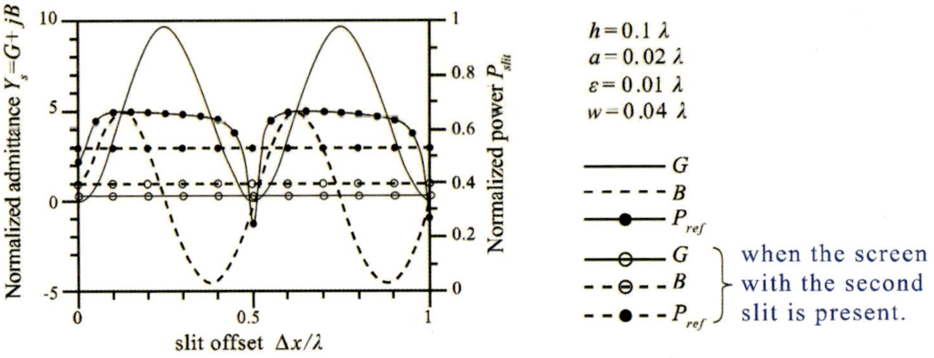

그림 4-20. $z = \epsilon$에 두 번째 슬릿을 가진 도체 평판의 유무에 따른 정규화된 반사 전력(P_{ref}/P_{inc}) 및 개구 어드미턴스($Y_s = G + jB$) 값의 비교

플랜지가 있는 평행 평판의 첫 번째 슬릿(NSOM의 탐침에 해당되는)의 소멸장에 놓인 영상화될 산란체로 보면 그림 4-21과 같이 도시할 수 있다. $z = \epsilon$에 있는 두 번째 슬릿을 지닌 도체 평판을 우리가 영상을 얻고자 하는 산란체로 볼 수 있다는 점을 강조하기 위하여 다시 한 번 더 도시한 것이다.

원래 문제(그림 4-18)로 돌아가서 오프셋이 $\Delta x \cong 0$와 $\Delta x \cong \frac{\lambda}{2}$인 경우에 소멸장 내에 놓인 산란체의 역할을 등가회로적 관점에서 살펴보도록 하자. 먼저 오프셋이 $\Delta x \cong 0$인 경우, $z = \epsilon$에 있는 도체 평판(두 번째 슬릿이 있는)이 없는 경우에 비하여, 첫 번째 슬릿의 컨덕턴스 $G[= Re(Y_s)]$ 값은 증가하고(매우 작지만), 서셉턴스 $B[= Im(Y_s)]$ 값은 그대로 유지된다.

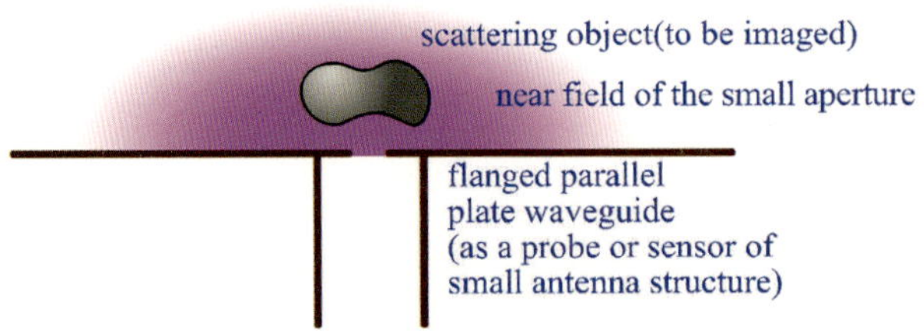

그림 4-21. FPPW와 근접 산란체는 단순화된 NSOM 모델에서 탐침과 영상화될 산란체에 각각 대응됨

반면에 오프셋이 $\triangle x \cong \frac{\lambda}{2}$인 경우에는 전술한 바와 같이 공동 또는 공진기(cavity)가 형성되어, 이러한 공진기 내에 강한 공진 모드의 전자계가 여기(excitation)된다. 이렇게 공진기에 의한 공진(resonance)이 일어나게 되면 슬릿 어드미턴스 Y_s의 허수부가 사라지게 되어 $Im(Y_s) = 0$이 된다. 이러한 공진 조건하에서 최대 복사가 일어나게 되고 임피던스 정합 또한 어느 정도 잘 되었다고 볼 수 있다(오프셋이 $\triangle x \cong 0$와 $\triangle x \cong \frac{\lambda}{2}$인 곳을 제외한 경우에 비하여). 또한 이러한 공진 조건이 이루어지는 경우에는, 첫 번째 슬릿이 있는 도체 평판과 두 번째 슬릿이 있는 도체 평판 사이의 간격 ϵ이 충분히 작아 제2장에서 논의한 공진형 복사 현상이 일어나게 됨을 기억하자. 지금 생각하고 있는 $\triangle x \cong \frac{\lambda}{2}$인 경우의 공진기형 복사 구조와 제2장에서의 공진기형 복사 구조의 차이는 오직 급전 슬릿 역할을 하는 첫 번째 슬릿의 위치가 전자(그림 4-12)의 경우 오른쪽 끝에 있다는 것뿐이다. 물론 제2장에서의 복사 구조는 복사 슬릿이 근접 도체 스트립 양쪽의 두 개가 있다는 점도 차이점으로 이야기할 수 있다.

정리하면 어떤 산란체가 소멸장이 형성된 곳으로 들어오면 소멸장 영역으로부터 멀리 전파되는 복사 전력과 소멸장에 축적되는 무효 전력(reactive power)의 비 (P_{rad}/P_{react})가 변한다. 즉 전체 구조의 전력이 재배치된다. 복사 전력 P_{rad}와 무효 전력 P_{react}를 명확히 정의하기 위해서 그림 4-22에 도시되어 있는 바와 같이 근접 산란체가 없는 FPPW의 경우에 대하여 생각해 보자. 그림 4-22에 각 전력 스펙트럼(angular power spectrum)이 도시되어 있다. 점선으로 표시된 비가시(invisible) 영역($|k_x| > k_0$)을 적분하여 무효 전력(P_{react})과 슬릿의 서셉턴스(B)를 구할 수 있고, 실선으로 표시된 가시(visible) 영역($|k_x| < k_0$)을 적분하여 복사 전력(P_{rad})과 슬릿의 컨덕턴스(G)를 구할 수 있다. 슬릿 폭이 좁아질수록 P_{rad}/P_{react}의 비가 줄어든다.

일반적으로 폭이 좁은 슬릿 근처에는 무효 전력이 축적되어 있으며 그러한 좁은 슬릿을 통해서는 복사가 잘 일어날 수 없다. 이때 어떤 산란체가 축적 에너지를 구성하고 있는 소멸장 내로 들어오면 그 근접장(즉 소멸장)에 변화를 주게 되고, 전체 전력 분포 $(P_{rad} + P_{react})$에 영향을 준다. 따라서 산란체가 소멸장(혹은 근접장) 내에 도입되면 산란체가 없는 경우에 복사 전력과 축적되는 리액티브 전력을 각각 나타내었던 P_{rad}와

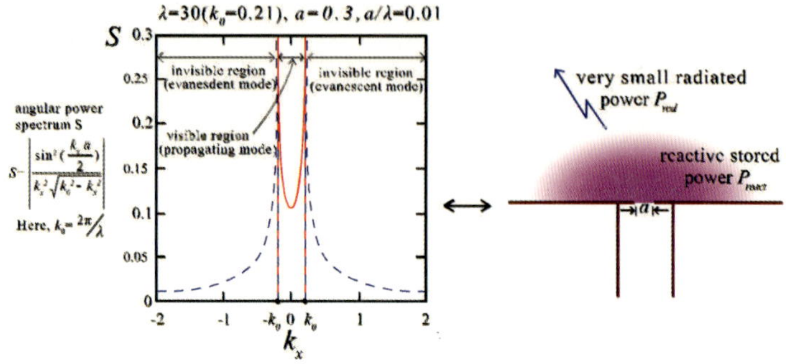

그림 4-22. 폭이 좁은 슬릿이 있는 FPPW와 각 전력 스펙트럼(angular power spectrum)

P_{react}가 모두 변한다. 따라서 P_{rad}/P_{react}의 비(ratio) 또한 변화됨을 알 수 있다. NSOM 분야에서는 근접장으로서의 소멸장 내에 놓인 산란체의 역할에 대하여 이러한 산란체의 존재가 소멸파(evanescent wave)를 진행파(propagation wave)로 변환시켜 산란체가 없을 때와 비교하여 복사 전력 P_{rad}과 축적된 리액티브 전력 P_{react} 간의 비(P_{rad}/P_{react})를 변화시킨다고 기술하고 있다.

참으로 흥미롭게도 이러한 현상은 전반사 현상이 일어나는 두 매질의 경계면 근처에 형성된 소멸장(evanescent field) 내로 프리즘(또는 격자 결합기)과 같은 산란체(프리즘도 산란체의 한 예로 볼 수 있으므로)가 놓이게 되면 발생하게 되는 FTIR(frustrated total internal reflection) 현상과 유사하다.

지금까지 우리는 플랜지가 있는 평행 평판 도파관의 개구(첫 번째 슬릿) 구조(탐침의 단순화된 모델로서)와 두 번째 슬릿이 있는 도체 평판 또는 도체 스크린 구조(영상을 얻고자 하는 물체로서)로 구성된 단순한 구조(NSOM의 단순화된 모델로서)를 살펴봄으로써 NSOM의 동작 원리에 대하여 논의하였다. 그리고 이러한 NSOM의 동작 원리와 FTIR의 동작 원리, 평면형 안테나 구조에서 임피던스 정합의 동작 원리 간의 공통적인 물리적 설명 내용에 대하여 공부하였다. 계속해서 광자 결정 도파로를 이용한 탐침(photonic crystal waveguide probe)에 대하여 다루어 보자. 이러한 형태를 갖는 탐침(probe)은 광자 주사 터널링 현미경(photon scanning tunneling microscopy) 분야에서 사용 가능한 구조(참고 자료 [8] 참조)로서 제안되었는데 그 동작 원리는 지금까지의 논의에 입각해서 충분히 이해할 수 있다.

5. PSTM에 쓰이는 광자결정(photonic crystal) 도파관 탐침

앞서 논의한 바와 같이 소멸장 내에 인접(또는 근접) 산란체가 놓이게 되면 산란체가 놓이기 전 원래의 근접장(소멸장)은 변하게 된다. NSOM에 적용되는 탐침(probe)은 이러한 변화를 탐지해 냄으로써 영상을 얻을 수 있도록 해 주는데, 탐지 시스템을 구성하고 있는 도파관 내의 반사계수(예를 들어)와 같은 물리량의 변화를 확인하는 과정(process)을 공학적으로 구현함으로써 그러한 탐침을 실제로 설계할 수 있는 것이다. 그림 4-23을 참조하라. 최근에 PSTM(photon scanning tunneling microscopy) 분야에서 사용될 수 있는 2차원의 광자 결정 도파관(2-dimensional photonic crystal waveguide)을 이용한 탐침(optical probe) 구조가 제안되었는데 이 절에서는 그 동작 원리에 대하여 살펴보기로 한다.

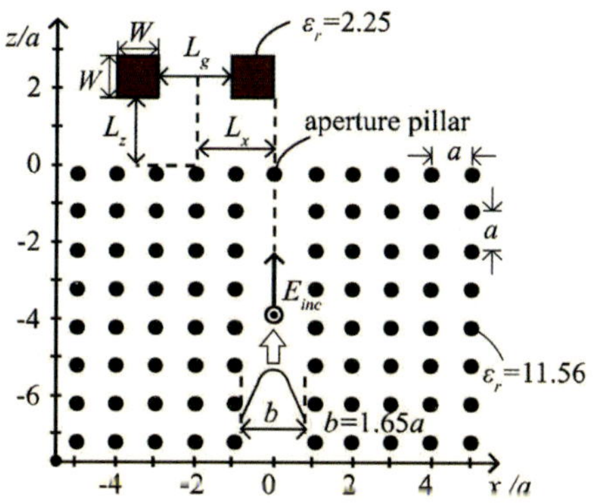

그림 4-23. 광자 결정 도파관 구조를 이용한 탐침

이 탐침 구조는 그림 4-23에 도시되어 있는 바와 같이 원통형 기둥 모양의 유전체가 격자 상수 a로서 정사각형 형태의 배열로 구성되어 있다. 먼저 그림 4-23에서의 도파관 구조에 대하여 생각해 보자. 도파 구조를 만들기 위하여 $x=0$인 열(row)을 따라서, 즉 탐침 구조의 중앙에 원통형 기둥의 한 열(row)을 비워서 전자파 에너지가 진행할 수 있는 도파관 형태를 만들어 주는데 그 폭 b가 $b=1.65a$가 되도록 하면 도파로의 단면 구간은 $-\frac{1.65}{2} \le x/a \le \frac{1.65}{2}$로 주어지고, 입사파는 그림 4-23에 도시된 바와 같이 $+z$방향으로 전파(propagation)되며 그 전계는 오직 y방향 성분만을 갖는다고 가정하자.

도파로의 단면 방향, 즉 $\pm x$방향으로는 유전체 기둥이 5중(또는 5겹이라는 표현도 괜찮음)으로 막혀 있는 데 반하여 도파 방향의 끝부분은 한 개의 원통형 유전체로서 종단되어 있다는 점에 유의해야 한다. 이러한 경우 도파로를 따라 입사파가 $+z$방향으로 입사되면 $z=0$인 도파로 끝에서 전반사가 일어나게 되고 도파로 끝의 외부(즉 $z \geq 0$인 영역)에도 소멸파가 존재하는데 이러한 소멸파는 $+z$방향으로 가면서 지수함수적으로 감쇄한다. 물론 도파로 내부에서 횡단면 쪽으로도, $|x| > \frac{1.65}{2}a$인 영역에도 소멸파가 존재한다. 생각해 보자. 진행 방향($+z$)의 끝부분은 원통형 유전체 한 개로 종단된 반면 도파로의 횡단면($\pm x$방향)은 5겹(layers 또는 열)의 원통형 유전체로 막혀(종단되어) 있다. 따라서 $z > 0$인 영역의 소멸파가 $+z$로 가면서 지수함수적으로 감쇄되는 정도는 도파로의 양 측면에서 $|x| \geq \frac{1.65}{2}a$에서 $|x|$가 커지면서 소멸파가 지수함수적으로 감쇄되는 정도보다 덜 감쇄하므로 $z > 0$인 영역에서 소멸파가 존재하는 영역이 횡단면에서의 소멸파 영역(즉 $|x| > \frac{1.65}{2}a$에서)보다 상대적으로 크다고 볼 수 있다. 따라서 $z \geq 0$인 영역에 상대적으로 넓은 범위에서(즉 $|x| > \frac{1.65}{2}a$에서) 소멸장이 형성되고 이러한 소멸장 영역에 영상을 얻고자 하는 물체가 놓이게 되면 $z < 0$인 도파로 영역에서 반사파(또는 반사파 전력)의 진폭이 변화(감소)하는데, 이러한 변화를 감지하여 원하는 영상을 얻게 되는 것이다.

그림 4-24는 영상을 얻고자 하는 물체(근접 산란체)가 없는 경우, 도파관의 단면 중앙부($x/a=0$)에서 z방향으로의 전계 분포를 도시한 그래프이다. 도파관 내부에는 정상파가 분포하고, 한 개의 유전체 원기둥으로 종단된 도파관 끝부분에서 바깥 영역으로는 $+z$방향으로 지수함수적으로 감쇄하는 소멸장이 형성된 것을 볼 수 있다.

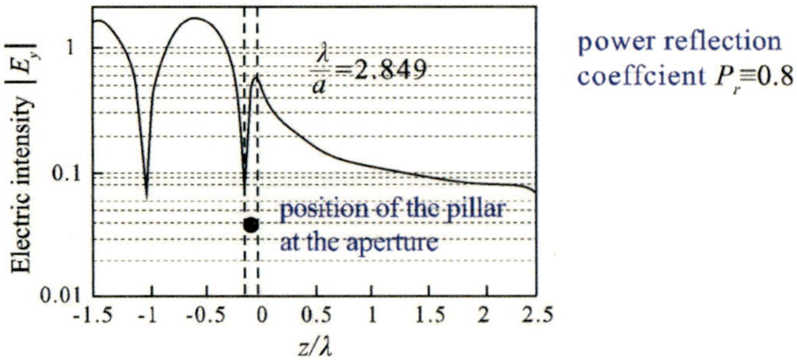

그림 4-24. 영상화될 물체(근접 산란체)가 없는 경우, $x/a=0$인 지점에서 z방향에 따른 전계 분포

그림 4-23에 도시되어 있는 바와 같이 한 변의 길이(W)가 $W = 0.21\lambda$인 정사각형 모양을 갖는 두 물체가 간격 L_g로 분리되어 있다고 하자. 그리고 탐침을 $\pm x$방향으로 주사(scanning)하면서 전력 반사 계수 P_r을 조사하였다. 그 결과로 얻은 두 물체의 간격(L_g) 변화에 따른 전력 반사 계수 그래프를 그림 4-25에 나타내었다. 물론 탐침은 그대로 고정시키고 두 물체를 $\pm x$방향으로 움직이면서 전력 반사 계수 P_r을 조사하여도 동일한 결과를 얻는다.

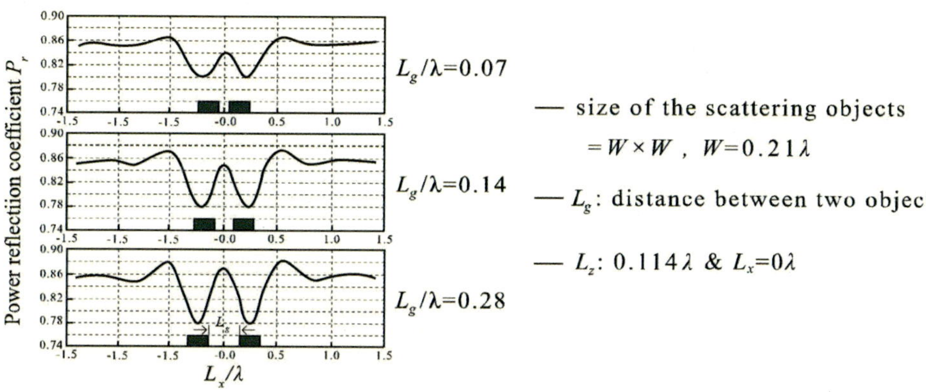

그림 4-25. 간격(L_g) 변화에 따른 오프셋 위치(L_x) 대 전력 반사계수의 그래프

전력 반사계수(P_r)는 $P_r = P_{-z}/P_{inc}$로 정의되는데, 여기에서 P_{-z}는 한 개의 원기둥 형태의 유전체로 종단된 도파로 끝부분($z=0$)에서의 전력 반사계수이고, P_{inc}는 입사 전력이다. 오프셋(L_x)은 도파로 단면의 중앙점과 두 개의 정사각형 물체로 구성되어 있는 산란체의 중앙점 간의 x축 방향으로의 거리이다. 위의 그림 4-25에서 산란체의 간격 L_x가 커짐에 따라 전력 반사 계수 P_r의 최소값 간의 간격도 비례하여 커짐을 볼 수 있다. 또한 P_r의 최소값 근처에 적절한 임계치(threshold) 값을 정해주면 이러한 임계치와 P_r 곡선의 교점으로부터 산란체의 물리적인 크기도 알아낼 수 있다. 지금까지의 논의는 NSOM 구조의 일례로서 그 동작원리를 이해하는 데 도움이 될 것으로 생각된다.

계속해서 지금까지 논의했던 NSOM의 동작원리와 임피던스 매칭 메커니즘의 물리적 내용 간의 밀접한 관계에 대하여 살펴보기로 한다.

(a) 영상화될 물체의 형상

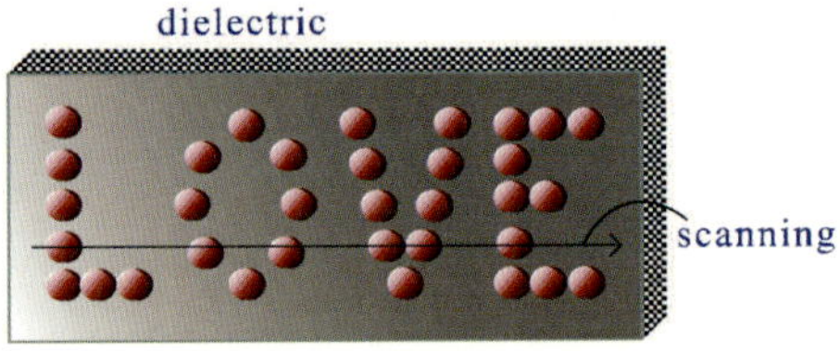

(b) (a)의 단순화 모델

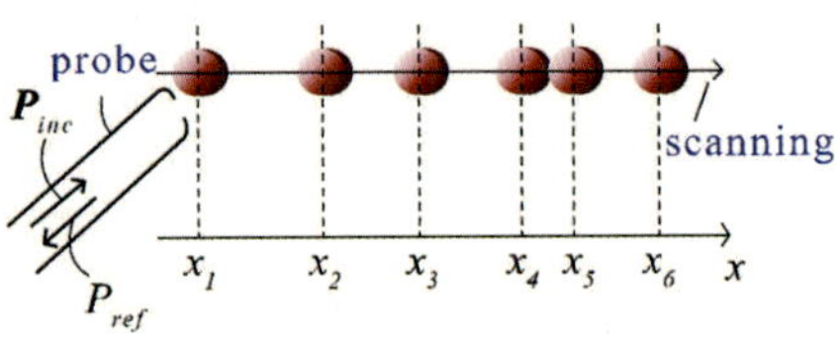

(c) 영상을 얻어 내기 위한 탐침 모델

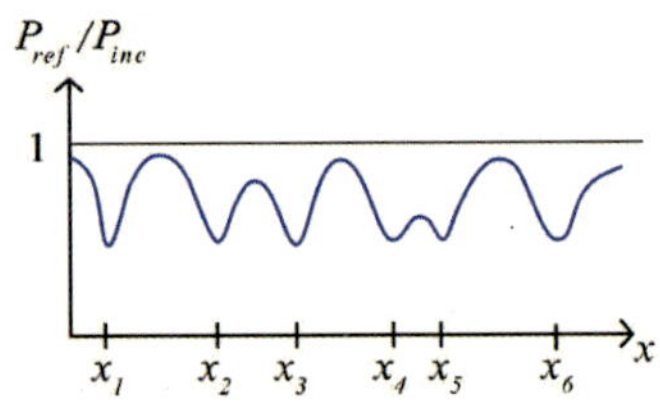

(d) 반사 전력(P_{ref})으로부터 물체의 데이터 추출 그래프

그림 4-26. 영상화될 물체와 P_{ref}/P_{inc}를 이용한 데이터 추출 그래프

먼저 그림 4-26(a)에 영상을 얻고자 하는 산란체(scattering object)를 도시하였는데 유전체 층 위에 도체 물질로 'LOVE'라는 글자를 코팅하였다. 그림 4-26(b)는 (a)의 단순화 모델로서 이로부터, 그림 4-26(c)에 도시되어 있는 과정을 거쳐서, 원하는 영상을 얻게 된다. 즉 그림 4-26(c)에서와 같이 탐침을 영상을 얻고자 하는 산란체 바로 위의 직선상을 따라 주사하면서 전력 반사계수를 측정하고, 탐침의 끝부분에 형성된 근접장(near-field)과 영상을 얻고자 하는 물체 간의 전자기 결합 현상의 결과로서, 즉 전력 반사계수 P_{ref}의 변화를 감지하여, 그림 4-26(d)에 나타난 것처럼 물체의 영상에 관한 데이터를 얻을 수 있다.

즉, 영상화될 물체가 탐침 끝부분의 근접장 내에 놓이게 되면, 그 탐침의 끝부분에 있는 개구(슬릿)의 어드미턴스 값이 변함으로써 영상을 얻고자 하는 물체가 없는 경우와 비교하여 전력 반사계수(P_{ref})가 크게 변화한다. 이미 앞에서도 논의한 바와 같이 영상을 얻고자 하는 물체가 없는 상태에서 그림 4-26(c)의 탐침의 개구(슬릿)는 매우 좁기 때문에(파장에 비하여) 이러한 슬릿은 개방회로(즉 자계벽)처럼 동작하여 탐침 내부의 대부분의 입사 전력을 반사시키며(반사계수가 +1에 근접한 값을 지니며) 따라서 슬릿 근처(도파관 외부 영역)에 소멸장의 형태로서 reactive 전력이 축적되어 있게 된다. 이러한 경우에 소멸장이 분포되어 있는 근접장(near-field) 내에 영상을 얻고자 하는 산란체가 들어오게 되면 탐침(슬릿)의 소멸장과 영상을 얻고자 하는 물체(산란체) 간의 전자기적 상호작용에 의하여 전력의 재배치(즉 복사 전력과 축적된 전력 간의)가 일어나 복사 전력이 증가(변화)하게 된다. 이러한 결과로 탐침 내에 반사 전력(따라서 전력 반사계수)의 변화, 즉 임피던스 매칭 상태의 변화가 일어나게 된다. 이러한 변화를 감지하여 원하는 원래의 영상을 얻을 수 있게 되는 것이다.

참고 자료

1 S. Zhu, A. W. Yu, D. Hawley, and R. Roy, "Frustrated total internal reflection: A demonstration and review, Am. J. phys. vol. 54, no. 7, pp. 601-607, July 1986.

2 K. Fukuzawa and H. Kuwano, "Conversion of evanescent into propagation light into propagating light in near-field scanning optical microscopy," J. Appl. Phys, vol. 79, no. 11, pp. 8174-8178, June 1996.

3 M. A. Paesler and P. J. Moyer, "Near-field Optics-theory," instrumentation and applications, pp. 9-16 and 53-54, John Wiley & Sons, Inc. 1996.

4 D. W. Pohl and D. Courjon(ed), Near-field Optics, Kluwer Academic Publishers, Netherland, 1993

5 Y. Leviatan, "Electromagnetic coupling between two half-space region separated by two slot perforated parallel conducting screens," IEEE Trans. Microwave Theory Tech., vol. 36, no. 1, pp. 44-52, Jan 1998.

6 J. M. Vigoureux, F. Depasse, and C. Girad, "Superresolution of near-field optical microscopy defined from properties of confined electromagnetic wave," Appl. Opt., vol. 31, no. 16, pp. 3036-3045, June 1992.

7 J. M. Vigoureusx and D. Courjon, "Detection of nonradiative fields in light of the Heisenberg uncertainty principle and the Rayleigh criterion," Appl. Opt., vol. 31, no. 16, pp. 3170-3177, June 1992.

8 H. Ikuno and Y. Noka, "A photonic crystal waveguide probe for the photon scanning tunneling microscope," in Proc. Int. Symp. Electromagn. Theory, pp. 234-235, Victoria, Canada, May 2001.

9 L. I. Schiff, Quantum Mechanics, McGraw-Hill p. 103, New York, 1986.

10 A. Ishimaru, Electromagnetic wave propagation, radiation, and scattering, pp. 49-52, Prentice Hall, 1991.

11 R. F. Harrington, Time-harmonic electromagnetic fields, pp. 19-23, McGraw- Hill Book Company, N. Y., 1961.

요약 및 검토

제5장

1. 평면형 안테나의 임피던스 정합 문제
2. ABR(aperture body resonance) 문제와 TCR(transmission cavity resonance) 문제
3. 임피던스 정합 문제와 이미징(imaging) 문제의 유사성

본 장에서는 앞서 논의된 다양한 구조들이 갖는 전자기적인 특성 가운데 물리적으로 공통되는 내용에 대하여 종합적으로 정리해 보고자 한다. 따라서 (1) 평면형 안테나의 임피던스 정합 문제, (2) ABR(aperture body resonance) 문제와 TCR(transmission cavity resonance) 문제, (3) 임피던스 정합 문제와 이미징(imaging) 문제의 유사성이라는 3개의 제목으로 나누어 살펴보고자 한다.

1. 평면형 안테나의 임피던스 정합 문제

여기에서는 슬릿을 통한 전자기파의 회절 문제(diffraction problem)로부터 평면형 안테나의 임피던스 정합 문제까지 어떻게 개념적으로 발전해 나갔는지를 요약하여 정리하고자 한다. 슬릿을 통한 전자기파의 회절 문제를, 입사 전자기파가 어떻게 슬릿을 통과하여 반대편으로 지나가는가 하는 관점에서 슬릿을 통한 전자기적인 개구 결합 문제(electromagnetic aperture coupling problem)라고 부르기도 한다.

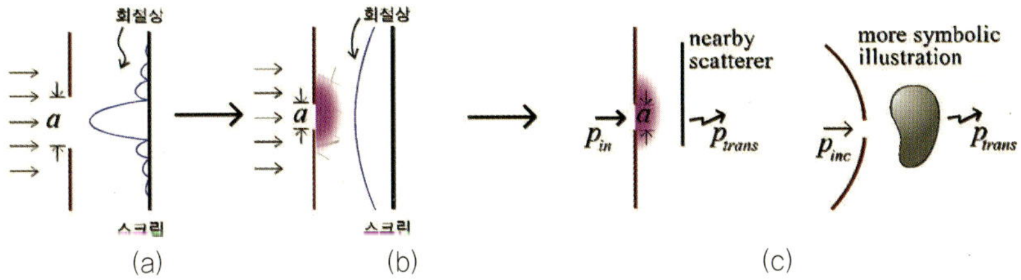

그림 5-1. (a) 일반적인 슬릿의 회절 문제, (b) 좁은 슬릿에 의한 회절 문제 (c) ABR(aperture body resonance)문제

1-1. 개구에 의한 전자기 결합 문제

먼저 그림 5-1(a), (b), (c)에 도시되어 있는 세 가지 구조의 개구(aperture)에 의한 전자기 결합 문제를 보자. 그림 5-1(a)는 고교 물리나 대학 물리에서 흔히 다루어지는 단일 슬릿에 의한 회절 문제이다. 이 경우에 보통 슬릿의 폭 a는 파장 λ에 비하여 충분히 큰 경우, 즉 $a \gg \lambda$인 경우를 다루게 되며 회절 무늬는 그림에 도시되어 있는

바와 같이 $\mathrm{sinc}(x)\left(=\frac{\sin x}{x}\right)$ 함수의 형태로 주어지게 되어 개구 형태와 회절 무늬 간에 퓨리에 변환(Fourier transform) 관계가 성립된다는 사실은 널리 알려진 이야기이다. 바늘구멍 사진기(pin hole camera)도 이러한 동작 원리를 따른다고 보면 된다.

그러나 앞서 다루어 본 슬릿에 의한 전자기 결합 문제에서는 슬릿 폭 a가 파장에 비하여 충분히 작은 경우를 중심으로 논의하였다. 이 경우에는 그림 5-1(b)에서와 같이 회절 무늬가 스크린 전체에 걸쳐 두루뭉술하게 큰 변화가 없는 형태를 보이게 된다. 이 경우에 좁은 슬릿의 바로 오른쪽 근처에 소멸장(evanescent field)이 형성되는데 이러한 소멸장에 그림 5-1(c)에서와 같이 인접한 산란체가 놓이게 되면 입사파 전력의 적지 않은 부분이 슬릿을 통하여 오른쪽 공간으로 투과하여 복사하게 될 수가 있다. 즉 이웃한 산란체가 없을 때는 좁은 슬릿(또는 개구)을 통하여 투과되는 전력 P_{trans}가 매우 작은 데 반하여, 이웃한 산란체를 슬릿 근처에 놓음으로써 P_{trans}를 상당히 증가하도록 만들어 줄 수가 있다. 이렇듯이 어떠한 산란체(scattering body)를 슬릿(개구) 근처에 놓음으로써 P_{trans}를 상당히 증가하도록 하는(즉 최대가 되도록 하는) 문제를 ABR(aperture body resonance) 문제라 하고 이미 앞서 논의한 바 있다. 즉, ABR 문제는 P_{trans}/P_{inc}가 최대가 되는 조건을 찾는 문제이기도 하다.

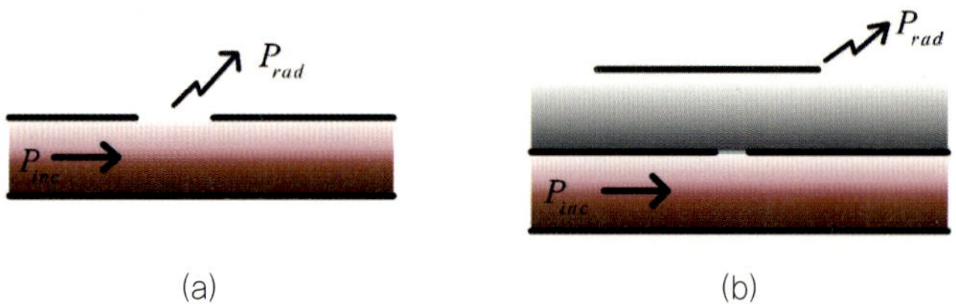

그림 5-2. 도파관에 있는 좁은 개구를 통한 전자기 결합 문제

계속해서 그림 5-2(a)와 (b) 구조에 대하여 생각해 보자. 그림 5-2(a)에 도시된 구조는 그림 5-1(b) 구조의 왼쪽 무한 공간을 도파관 구조로 대체하고, 그림 5-1(b)에서의 입사 전자파를 급전 도파관에서의 입사 기본 모드로 대체한 구조이다. 그림 5-2(a)의 구조에서도 슬릿 폭이 파장에 비하여 충분히 좁기 때문에 그림 5-1(b)에서와 같이

슬릿을 통하여 입사파 에너지가 잘 복사되지 못하고 슬릿 외부 근처에 소멸파(evanescent field) 형태의 전자기파 에너지로 축적되어 있다. 따라서 슬릿을 통한 복사 전력 P_{rad}가 매우 작다. 그러나 이러한 구조의 슬릿 근처에 인접한 산란체를 놓음으로써 그림 5-2(b)와 같은 ABR(aperture body resonance) 구조로 만들어서 입사 전력 P_{inc}의 많은 부분이 슬릿을 통하여 복사하게 만들 수가 있다.

여기서 한 번 더 강조하고 정리해야 할 사항이 있는데 아래 그림 5-3에 도시되어 있는 바와 같이 NSOM의 기본 동작 원리와 그림 5-2(b)의 평면형 안테나의 임피던스 정합 문제(그림에서는 최대 복사 (정합) 효율이 50%이지만 바로 뒤에 100%까지 개선하는 방법이 정리되어 있음)가 물리적으로 공통적인 내용을 지니고 있다는 점이다. 즉, 그림 5-3(b)의 좁은 슬릿 바로 위쪽에 도시되어 있는 도체 스트립(NSOM에서 인접한 산란체 역할과 같음)이 없는 경우에 좁은 슬릿을 통과하여 복사되는 에너지는 매우 작다. 이는 슬릿 주위에 소멸장 형태의 에너지가 대부분 축적되어 있기 때문이다. 이때 슬릿 바로 위에 도체 스트립(인접 산란체의 일종으로서)을 가져다 놓음으로써 슬릿을 통과하여 복사되는 전력을 최대 50%까지 증대시킬 수 있다는 사실을 기억하라. 한편 그림 5-3(a)에 도시된 NSOM의 단순화된 모델에서도 인접한 산란체(영상을 얻고자 하는)가 없을 때는 탐침의 도파 구조(guiding structure) 내에서 입사파의 대부분이 슬릿(즉 개구)에서 반사되지만 슬릿(즉 개구) 근처의 소멸장 영역에 인접한 산란체가 놓임으로써 슬릿을 통하여 복사되는 전력이 크게 증대된다. 이러한 반사파 에너지 레벨의 변화를 감지하여 물체(인접한 산란체)의 영상을 얻게 되는 동작 원리를 상기해 본다면 NSOM의 동작 원리와 평면형 안테나의 임피던스 정합 문제간의 물리적인 유사성을 이해할 수 있다.

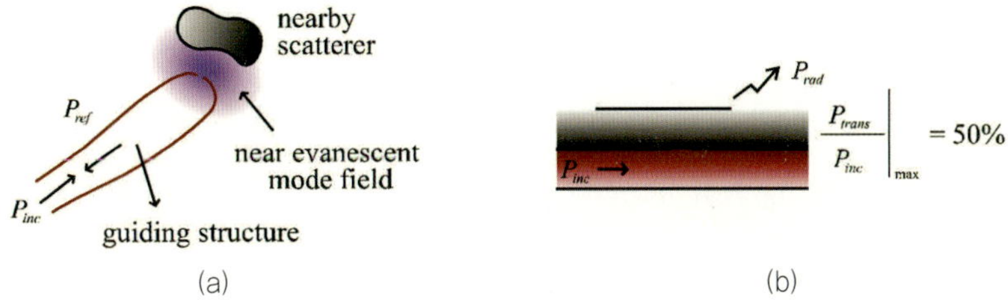

그림 5-3. 소형의 개구와 근접 산란체의 전자기 결합 문제

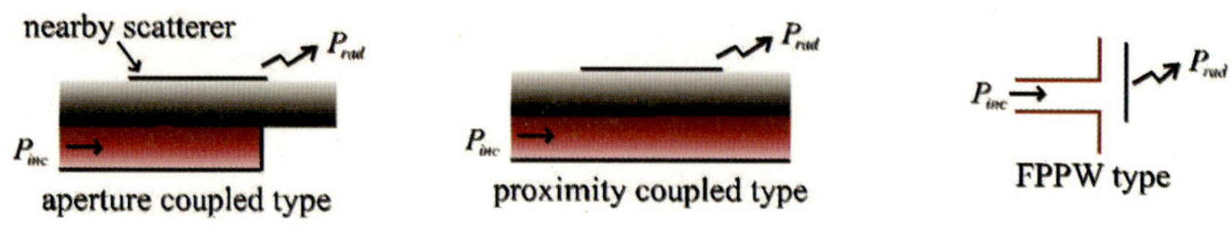

그림 5-4. 개구 결합을 이용한 평면형 안테나의 단순화 구조

우리는 그림 5-3(b)에서 평행 평판 도파관의 윗면에 있는 좁은 슬릿의 바로 위쪽 근처에 인접한 산란체를 갖다 놓음으로써 좁은 슬릿을 통하여 평행 평판 도파관 외부로 복사되는 에너지를 입사파 전력의 50%까지 증가시킬 수 있음을 보았다. 이미 앞서 논의한 바와 같이 "입사파 전력의 100%를 복사할 수 있는 구조는 없을까?"라는 질문이 떠오른다. 이와 같은 질문에 대한 대답으로서 그림 5-4(a)와 (b)에 도시되어 있는 구조를 생각할 수 있다. 이러한 경우 입사파 전력 P_{inc}의 100%를 위쪽 공간으로 모두 복사시킬 수 있다. 면밀히 생각해 본다면 이 두 가지 구조는 마이크로 스트립 안테나 분야에서 널리 사용되어 왔던 구조로서 각각 개구 결합형 마이크로 스트립 안테나(aperture coupled microstrip antenna)와 근접 결합형 마이크로 스트립 안테나(proximity coupled microstrip antenna) 구조를 2차원 문제로 단순화한 경우에 해당된다. 입사파 전력의 100%를 모두 복사시킬 수 있는 구조가 한 가지 더 있을 수 있는데 그림 5-4(c)에서와 같이 플랜지가 있는 평행 평판 도파관(flanged parallel plate waveguide)의 개구 근처에 인접 스트립을 놓아 줌으로써 구성한 구조가 그것이다. 지금 논의한 3가지 구조가 ABR 구조 형태를 이용한 평면형 안테나 구조로서 100%의 임피던스 매칭(정합)을 구현한 예에 해당된다고 할 수 있다. 그림 5-5(a)와 (b)에는 각각 실제의 근접 결합형 마이크로 스트립 안테나(proximity coupled microstrip antenna) 구조와 개구 결합형 마이크로 스트립 안테나(aperture coupled microstrip antenna) 구조가 도시되어 있다.

다시 한 번 더 정리하면 그림 5-4(a), (b), (c)에 도시되어 있는 구조는 전자기 결합 효율이 매우 낮은 소형 개구(슬릿) 근처, 즉 소형 개구 근처의 소멸장 영역에 산란체를 적절한 위치에 가져다 놓음으로써 투과 공진 현상이 발생하도록 하여 슬릿을 통한 투과 효율, 즉 슬릿을 통한 복사 효율을 100%까지 향상시킬 수 있는 구조에 해당되며,

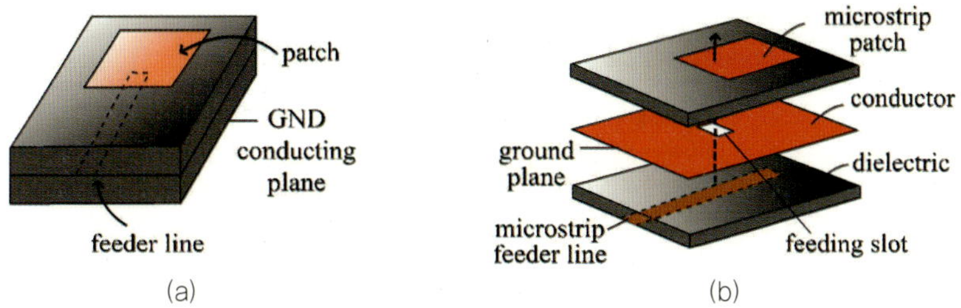

그림 5-5. 개구 결합을 이용한 실제 평면형 안테나 구조

이렇듯이 입사 전력 P_{inc}의 100%가 복사 전력으로 변환될 수 있다는 점에서 임피던스 매칭 관점으로 본다면 완전 정합에 해당되는 것이다. 여기에서 투과 공진(transmission resonance)이라는 단어는 앞에서도 많이 사용했던 단어이므로 한 번 더 강조하는 의미에서 사용했다.

2. ABR(aperture body resonance) 문제와 TCR(transmission cavity resonance) 문제

여기에서는 전자파가, 두께가 있는 도체 평판에 위치한 좁은 슬릿에 입사할 때 슬릿을 통하여 투과되는 전력이 최대가 되는 TCR(transmission cavity resonance) (투과 공진기 또는 공동 공진) 문제를 다시 한 번 더 정리하고 ABR(aperture body resonance) 문제와의 물리적인 연관성을 요약해 본다.

먼저 그림 5-6의 구조에 도시되어 있는 투과 공진(transmission resonance) 문제에 대하여 생각해 보자. 이미 제3장에서 다루어 보았듯이 그림 5-6의 구조에서 $z<0$인 반 공간에서 왼쪽으로부터 전자파가 $z=0$의 슬릿으로 입사할 때 개구를 통과하여 $z>d$인 반 공간으로 투과되는 전력이 최대가 되기 위해서는 왼쪽에서의 입력 어드미턴스 Y_{in}이 $Y_{in}=2G$로서 실수 값으로 주어져야 한다. 즉 Y_{in}의 허수부인 $Im[Y_{in}]=0$이 되는 조건이 만족되어야 한다. 흥미롭게도 이러한 조건은 그림 5-7에 도시되어 있는 구형 마이크로 스트립 패치 안테나(rectangular microstrip patch antenna)를 왼쪽의 복사 변(radiating patch)에 급전선을 연결한 경우(feeder case (a)에 해당하는) 그러한

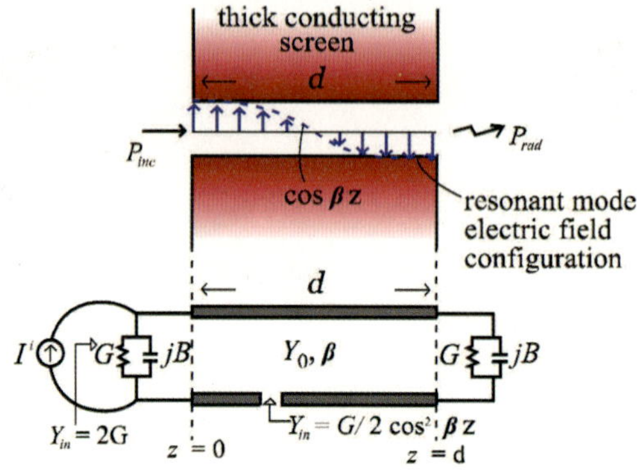

그림 5-6. 두께가 있는 도체 평판의 좁은 슬릿(개구)을 통한 전자기 결합(투과 공진) 문제의 구조와 등가회로

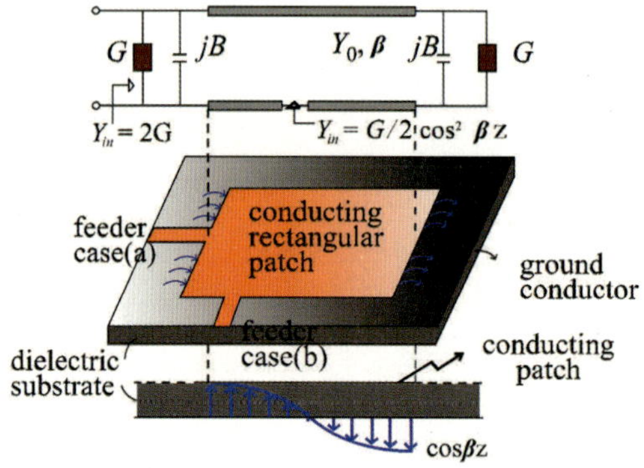

그림 5-7. 구형 마이크로 스트립 안테나의 최대 복사 문제

급전점에서 바라다본(공진 시, 즉 최대의 복사가 일어날 때) 어드미턴스 Y_{in}이 $Y_{in} = 2G$가 된다는 사실과 일치한다. 물론 전자에서의 G는 단위 길이당 슬릿 컨덕턴스인 데 비하여 후자의 경우 G는 복사 변(radiating edge)에서의 복사 컨덕턴스를 의미하는 차이점밖에 없다. 그림 5-7의 실제 구형 마이크로 스트립 안테나의 경우 비복사 변(non-radiating edge)에 급전점을 연결하여 사용하기도 하는데 공진 시(최대 복사 시) 이러한 경우의 입력 어드미턴스는 $Y_{in} = G/(2\cos^2\beta z)$로서 주어지기 때문에 그림 5-6의 문제에서도 급전점이 개념적으로 등가 전송선로의 아래 선에 직렬로 연결되는 경우에 해당되며 $Y_{in} = G/(2\cos^2\beta z)$로서, 마이크로 스트립 안테나의 경우와 동일한 형태로 주어진다.

물론 분모가 $\cos^2\beta z$ 인자가 들어가는 이유는 공진기 구조 내에 공진 모드의 전계가 $\cos\beta z$ 로서 표현되기 때문이다. 따라서 그림 5-6의 구조와 그림 5-7의 구조는 전자기적으로 동일한 문제라고 하겠다. 즉 그림 5-6에서의 최대 투과 문제와 그림 5-7에서의 최대 복사 문제는 서로 동일한 조건하에서 최대 투과 현상과 최대 복사 현상이 일어나기 때문이다. 어쨌거나 그림 5-6(a)에 도시되어 있는 문제의 경우, 최대의 투과 현상이 일어나기 위하여는 투과 공진기(또는 공동)가 반드시 형성되어야 한다는 의미에서 TCR(transmission cavity resonance) 문제라고 부른다는 사실을 다시 한 번 기억해야 한다.

최근에 그림 5-8에서와 같이 귀금속 도체 평판에 반경이 파장에 비하여 매우 작은 원통형 구멍(cylindrical hole) 구조가 정방형의 격자 배열로 배치되어 있을 때, 놀라울 정도로(기대와는 달리), 위쪽에서 입사한 전자파 전력의 상당 부분이 격자 구조를 지나서 투과한다는 실험적인 결과가 발표된 이래, 이에 대한 근사적인 단순화된 모델로서 주기적인 좁은 슬릿으로 구성된 격자 구조에서의 회절 특성, 특히 어느 조건하에서 투과 전력이 최대가 되는가에 중점을 두어 많은 연구가 이루어졌다. 이와 동시에 한 개의 좁은 슬릿에 의한 투과 공진 문제도 폭넓게 다루어졌다. 실제로 이러한 연구를 통하여 그림 5-8의 원래 문제에서 일어나는 투과 공진 현상에 대한 유익한 설명 방식을 얻었다. 물론 기하학적인 구조 자체에 차이가 있기 때문에 투과 공진이 일어나는 메커니즘에 차이가 있다. 이러한 차이점에 관한 논의를 위해서는 다음의 참고문헌을 참조하라(E. Popov, et. al., "Theory of light transmission through subwavelength periodic hole arrays," Phy. Rev. B, vol. 62, no. 23, pp. 16100-16108, Dec. 2000).

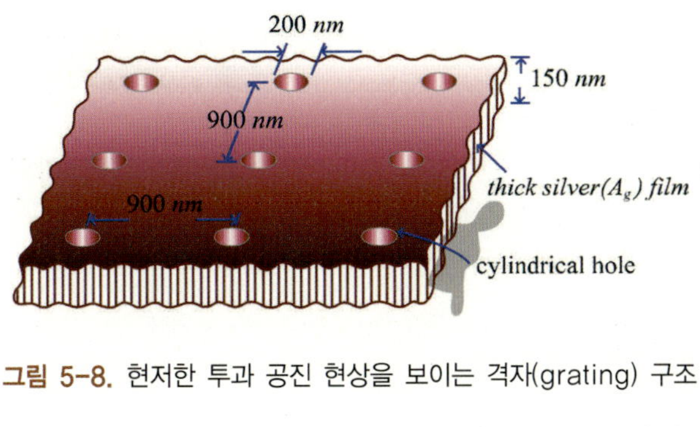

그림 5-8. 현저한 투과 공진 현상을 보이는 격자(grating) 구조

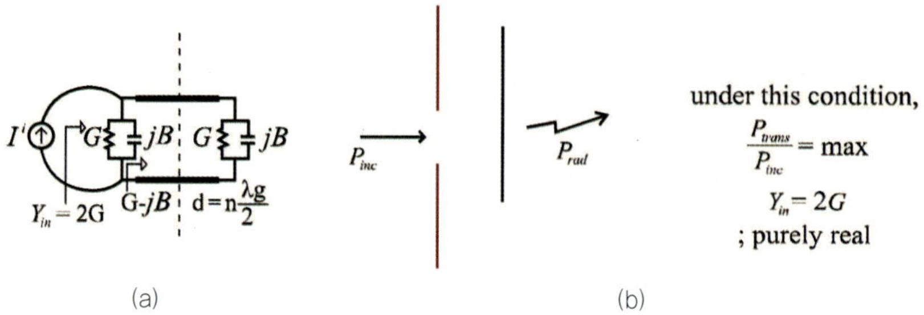

그림 5-9. TCR(transmission cavity resonance) 문제와 ABR(aperture body resonance) 문제((a)에는 TCR 문제 구조 대신에 등가회로를 도시하였음)

하지만 두께가 있는 도체 평판에 있는 주기적인 좁은 슬릿으로 이루어진 격자 구조에서, 슬릿을 통하여 진행할 수 있는 도파 모드가 슬릿 내의 도파관 모드(waveguide mode)이거나 표면 플라스몬에 의한 것이라고 본다면 아래 그림 5-9(a)에 도시된 바와 같은 투과 공진 문제로 표현할 수 있다(제3장 본문 참조). 또 이러한 투과 공진 문제는 아래 그림 5-9(b)의 ABR 문제와 본질적으로 같다고 볼 수 있겠다. 왜냐하면 두 가지 모두 최대 전력이 투과되기 위해서는 왼쪽의 입력 측 슬릿에서의 입력 어드미턴스 Y_{in}이 $Y_{in}=2G$로 실수로서 주어지는 공통점이 있기 때문이다. 이어서 앞에서 다룬 세 가지 복사 구조에서의 임피던스 매칭(정합) 문제와 두께가 있는 도체 평판의 좁은 슬릿을 통한 투과 공진 문제 간의 공통된 특징과 차이점에 대하여 요약해 보자.

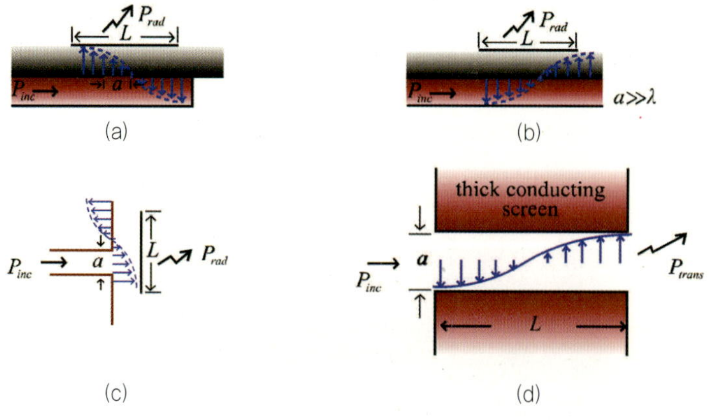

그림 5-10. 세 가지 구조의 복사 문제 (a), (b), (c)와 두께가 있는 도체 스크린의 좁은 슬릿에서의 투과 공진 문제

그림 5-10(a), (b), (c)에 앞에서 다룬 세 가지 복사 구조, 즉 두 개의 평면형 마이크로 스트립 안테나의 단순화된 구조와 플랜지가 있는 평행 평판 도파관의 개구 근처에 인접 도체 스트립이 놓인 구조를 편의상 다시 한 번 더 도시하였다. 위의 세 가지 복사 구조에서 임피던스 정합(또는 매칭) 조건은 $P_{inc} \cong P_{rad}$가 성립되는 조건을 의미한다. 반면에 그림 5-10(d)에 도시되어 있는, 두께가 있는 도체 스크린의 좁은 슬릿에서의 투과 공진 조건에서는 슬릿을 통하여 투과되는 전력 P_{trans}이 최대가 되는, 즉 $\frac{P_{trans}}{P_{inc}} = max$이 만족되는 조건을 의미한다. 여기에서 P_{inc}는 입사파가 입사하는 왼쪽 반 공간에서의 포인팅 벡터의 크기에 슬릿 폭 a을 곱해 준 값(편의상 수직입사를 가정)을 의미한다.

먼저 세 가지 구조의 복사 문제와 두께가 있는 도체 평판(또는 스크린)에 위치한 좁은 슬릿에서의 투과 공진 문제의 공통점으로는, 최대 복사와 투과 공진이 일어나기 위하여 공진기 구조가 형성되어야 하고 그 공진기 내부에 강한 공진 모드의 전계가 (cosinusoidal function으로서) 서 있어야 한다는 것이다. 흥미로운 것은 네 가지 구조 모두 다 공진기 양단에서의 전계가 최대가 된다는 것, 따라서 공진기 양단이 자계벽 (magnetic wall)에 해당된다는 것이다. 차이점으로는 세 가지 복사 구조에서 급전 슬릿의 위치가 인접 스트립의 중심부에서 약간 벗어난 위치에 있어야 하는 반면에(임피던스 매칭을 위하여) 두께가 있는 도체 평판의 좁은 슬릿에서의 급전점은 왼쪽 끝 슬릿에 해당된다는 것이다. 위의 네 가지 구조에서 공진기 양단에 전계가 최대가 되어 공진기 양단이 자계벽 역할을 한다는 사실은 소위 Fabry Perot 공진기의 양단에서 반사계수가 손실이 있는 전계벽(외부와의 결합 홀에 의한 복사 손실 때문에)과 유사하게 작용한다는 사실과 대비되고 있다(제3장의 본문 참조). 손실 있는 자계벽의 경우, 반사 계수가 $+1$에 가까운 값을 갖는 데 반하여 손실이 있는 전계벽의 경우, 반사 계수가 -1에 가까운 값을 갖는다는 사실을 기억하자.

계속해서 앞에서 다루었던 3가지 복사 구조는, 급전 개구와 인접한 도체 스트립 (scattering body로서)으로 구성된 점에서 ABR 문제에 해당된다. 이러한 세 가지 구조의 복사 문제와 두께가 있는 도체 평판을 관통하여 있는 좁은 슬릿에서의 투과 공진 문제를 등가회로적 표현의 관점에서 비교하여 살펴보도록 하자. 그림에서 Y_{in}^{c}는 공진 시에

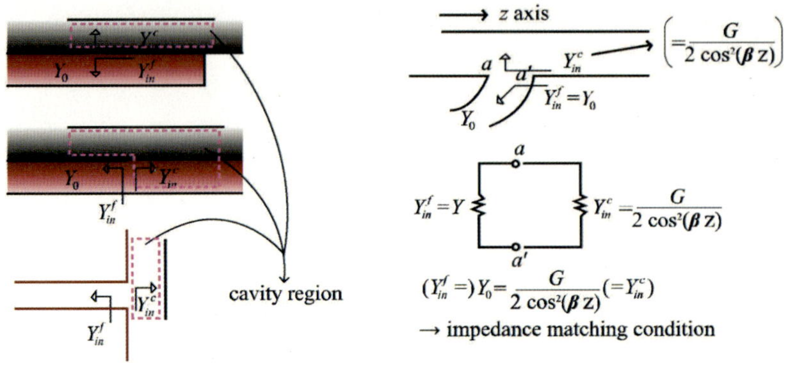

그림 5-11. 임피던스 정합 문제 해석

공진기(cavity)가 형성되어 있는 쪽으로 바라다본 입력 어드미턴스를 의미하고 Y_{in}^f 는 급전부(아래) 쪽으로 바라다본 입력 어드미턴스를 의미한다. 또한 세 가지 구조에서 공진기(cavity)가 형성되어 있는 영역은 점선으로 그 영역을 표시하여 놓았다. 먼저 그림 5-11의 왼쪽에서 개구 결합형 마이크로 스트립 안테나를 단순화한 구조(맨 위쪽)의 경우 Y_{in}^f 는 아래쪽의 급전부 쪽으로 바라다본 입력 어드미턴스인데 이는 평행 평판 도파관 쪽으로 바라다본 어드미턴스인 Y_0와 길이가 반 파장인 단락 스터브(short stub) 쪽으로 바라다본 어드미턴스(영)의 합으로 주어지므로 $Y_{in}^f = Y_0$가 됨을 유념해야 한다. 그리고 위에서 두 번째 구조, 즉 근접 결합형 마이크로 스트립 안테나를 단순화한 구조에서는 평행 평판 도파관으로부터 확장되어 나온 유전체 두께가 평행 평판 도파관 위층의 유전체 두께에 비하여 매우 작다고 가정하여 점선으로 둘러싸인 영역이 공진기(cavity)를 구성하고 있다고 생각할 수 있다. 그리고 이 세 가지 구조의 공진기 내에서 급전 슬릿의 위치는 공진기의 중심에서 약간 벗어난 지점에 있으므로, 공진기를 구성하고 있는 위쪽 도체 스트립의 왼쪽 끝으로부터 급전 슬릿 중심까지의 z축에서의 거리를 z라고 표시한다면, 그림 5-11의 오른편 그림에서와 같이 공진기 쪽으로 바라다본 입력 어드미턴스 Y_{in}^c 는 앞의 본문에서도 설명한 바와 같이 근사적으로 $Y_{in}^c = \frac{G}{2\cos^2(\beta z)}$ 로 주어진다(본문에서는 모두 수치해석 방법(method of moment)으로 구했었지만). 특히 공진기 내에서 공진 전계는 $\cos(\beta z)$ 형태로 주어진다는 점을 기억해야 한다. 그리고 세 가지 구조 모두에 대하여 급전부 쪽으로 바라다본 어드미턴스 Y_{in}^f 는 $Y_{in}^f = Y_0$(여기에서 Y_0은 급전부를 구성하고 있는 평행 평판 도파관의 특성 어드미턴스를 의미한다.)가 되므로 공진 시에 세 가지 구조 모두에 대하여 최대의 복사가 일어나는 임피던스 정합(매칭) 조건은 $Y_{in}^c = Y_{in}^f$, 즉 $G/[2\cos^2(\beta z)] = Y_0$가 된다. 이 조건을 두께가 있는 도체 평판을 관통하는 좁은 슬릿에서 슬릿을 통하여 투과되는 전력이 최대가 되는 투과 공진 조건과 비교해 보자. 위에서 다룬 세 가지 구조의 임피던스 매칭 조건에서 $Y_{in}^f = Y_0$ 대신에 왼쪽 입력 슬릿에서 입사파 쪽의 반 공간으로 바라다본 개구 어드미턴스 $Y(= G + jB)$를, 그리고 $Y_{in}^c = G/[2\cos^2(\beta z)]$ 대신에 공진 시에 왼쪽 슬릿에서 오른쪽으로 바라다본 어드미턴스 $Y_{in}^+ \equiv Y^* = G - jB$를 대체하면 된다. 지금까지의 논의로부터 앞에서의 세 가지 구조의 복사 문제(ABR 문제로서)와 두께가 있는 도체 평판을 관통하는 좁은 슬릿에서의 투과 공진(transmission cavity resonance) 문제가 (최대 투과 또는 최대 복사의 관점에서) 본질적으로 동일한 문제임을 살펴보았다.

3. 임피던스 정합 문제와 이미징(imaging) 문제의 유사성

FTIR(frustrated total internal reflection) 원리와 NSOM(near-field scanning optical microscopy) 분야의 한 부분인 PSTM(photon scanning tunneling microscopy)에서 물체의 영상을 얻어 내는 원리 간에는 물리적 내용의 유사점이 있다. 즉 슬릿(탐침 역할을 하는) 근처의 소멸장(evanescent field) 내에 산란체(영상을 얻고자 하는 물체)가 놓이게 되면 슬릿에 연결된 도파관 구조에서의 반사파 전력 또는 반사계수가 변화하고 이러한 변화를 감지하여 영상을 얻게 되는데 이러한 물리적인 현상은 FTIR에서 소멸장 내에 어떤 산란체(예를 들어 프리즘이나 격자 결합기)가 놓이게 될 때 전반사 조건이 흐트러지면서 전반사 경계면 밖으로 나가는 전력량이 변화(증가)한다는 의미에서 유사하다. 이미 본론에서 다룬 바와 같이 그림 5-12(a)에서 의미하듯이 ABR 문제의 세 가지 구조에서의 임피던스 정합 문제와 NSOM의 동작 원리 간의 물리적 내용의 공통점을 이해할 수 있는 것처럼, 그림 5-12(b)와 같이 NSOM의 동작원리와 FTIR 현상의 동작원리 간의 유사성 또한 이해할 수 있다.

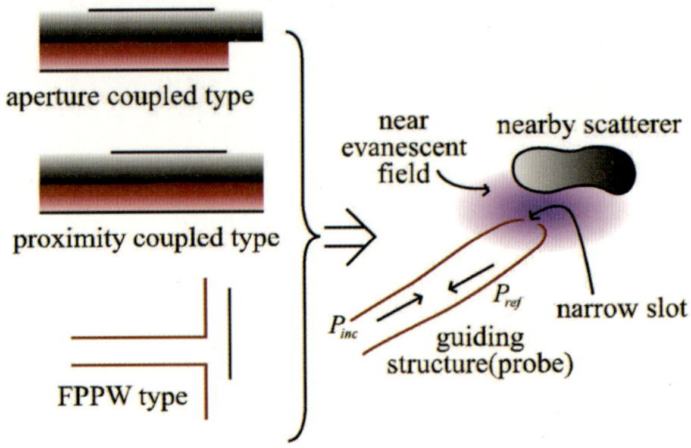

(a) 임피던스 정합 문제

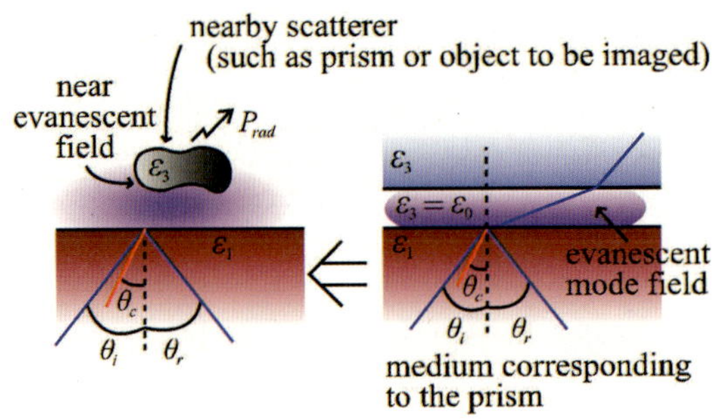

(b) FTIR 현상

그림 5-12. 임피던스 정합 문제와 FTIR 현상의 공통점

부록APPENDIX

APPENDIX 1

- 제3장에서 다루어 본 해석(적분 방정식 접근) 방법 및 그린 함수 증명

APPENDIX 2

- 제3장에 있는 전달 어드미턴스(transfer admittance) $\frac{I^i}{V_2}$의 증명

APPENDIX 1

제3장에서 다루어 본 해석(적분 방정식 접근) 방법 및 그린 함수 증명

제3장에서 사용된 수치 해석 방법을 아래의 3가지 단계로 나누어 기술하기로 한다.

첫 번째 단계

주어진 구조를 아래와 같이 세 가지(a, b, c) 영역으로 나누어, 각 개구(aperture)를 단락(short)시키고 그 단락된 도체 면에 적절한 등가 자계 전류(equivalent magnetic current)를 대체한다.

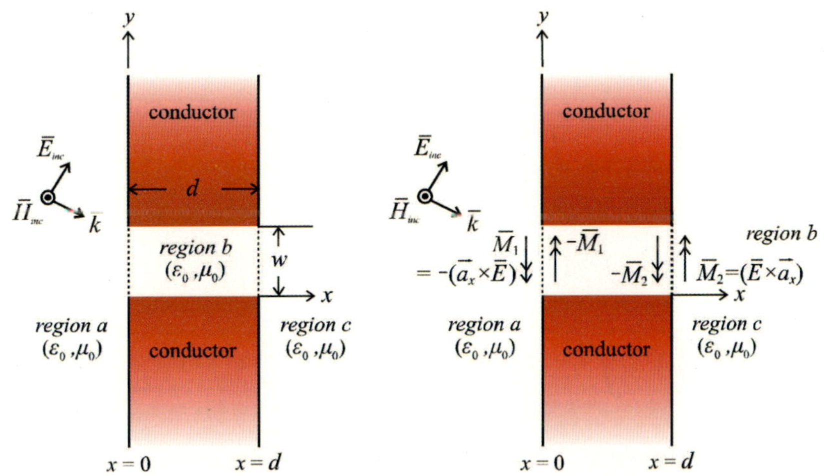

주어진 문제와 세 가지 영역으로 나누어진 등가적인 문제

두 번째 단계(적분 방정식 정립)

이 단계에서는 먼저 분할된 세 영역에서 z방향으로 무한한 길이의 등가 자계 전류,

즉 이차원 델타 함수로 주어지는데 자계 전류에 대한 그린 함수를 구하면 다음과 같다.(자세한 유도 과정은 뒷부분을 참조할 것).

$$G^a = (x, y : x', y')$$
$$= -\frac{k_0}{4\eta_0}\left[H^{(2)}{}_0(k_0\sqrt{(x-x')^2+(y-y')}+H^{(2)}{}_0(k_0\sqrt{(x+x')^2+(y-y')^2}\right], \quad (1)$$

$$G^b = (x, y : x', y')$$
$$= -\frac{j\omega\varepsilon_0}{w}\sum_{n=0}^{\infty}\frac{\varepsilon_n}{k_n \sin k_n d}\cos(k_n x')\cos\{k_n(x-d)\}\cos\left(\frac{n\pi}{w}y'\right)\cos\left(\frac{n\pi}{w}y\right), \quad (2)$$

$$G^c = (x, y : x', y') = -\frac{k_0}{4\eta_0}$$
$$= \left[H^{(2)}{}_0(k_0\sqrt{(x-x')^2+(y-y')})+H^{(2)}{}_0(k_0\sqrt{(x+x'-2d)^2+(y-y')^2}\right], \quad (3)$$

앞에서 구한 각 영역에서의 그린 함수들을 이용하여 앞의 등가적인 문제에서 등가전류 전원들에 의한 각 영역(a, b, c)에서의 z성분의 자계를 구하면 아래 식과 같이 표현된다.

$$H_z{}^a(M_1) = -\frac{k_0}{2\eta_0}\int_0^x\{M_1(0, y')\}H_0^{(2)}\left\{k_0\sqrt{x^2+(y-y')^2}\right\}dy', \quad (4)$$

$$H_z^b(-M_1) = \int_0^w\{-M_1(0, y')\}G^b(x, y : 0, y')dy', \quad (5)$$

$$H_z^b(-M_2) = \int_0^w\{-M_2(d, y')\}G^b(x, y : d, y')dy', \quad (6)$$

$$H_z^c(M_2) = \int_0^w\{M_2(d, y')\}G^c(x, y : d, y')dy', \quad (7)$$

여기에서 개구의 왼쪽 반무한 공간으로부터 슬롯과 평행한 성분(z축 성분)의 자계를 갖는 균일 평면 전자기파가 왼쪽 슬롯을 향하여 입사한다면, 그 개구의 왼쪽 경계 지점에서 입사 자계 H_z^i 의 접선 성분은 그 왼쪽 개구가 단락된 경우의 입사파와 반사파의 합으로 주어진다.

계속해서 왼쪽의 입력단과 오른쪽의 출력단에 위치한 개구의 각 구간($x=0$와 $x=d$에 있는)에서 연속 조건을 적용하면 다음과 같은 결합 적분 방정식(coupled integral equation)을 얻게 된다.

$$H_z{}^i + H_z{}^a(M_1) = H_z{}^b(-M_1) + H_z{}^b(-M_2), \tag{8}$$

→ 왼쪽에 위치한 개구(A_L)에 적용

$$H_z{}^b(-M_1) + H_z{}^b(-M_2) = H_z{}^c(M_2), \tag{9}$$

→ 오른쪽에 위치한 개구(A_R)에 적용

두 연산자 방정식 (8)과 (9)는 인가 전자계(impressed field)인 H_z^i 를 오른쪽으로 이항하여 아래와 같이 편리한 형태로 다시 쓸 수 있다.

$$H_z{}^a(M_1) + H_z{}^b(M_1) + H_z{}^b(M_2) = -H_z{}^i, \tag{10}$$

→ 왼쪽에 위치한 개구(A_L)에 적용

$$H_z{}^b(M_1) + H_z{}^b(M_2) + H_z{}^c(M_2) = 0, \tag{11}$$

→ 오른쪽에 위치한 개구(A_R)에 적용

여기서 H_z^b 연산자는 선형성(linearity)을 갖기 때문에 $H_z^b(-M_1) = -H_z^b(M_1)$, $H_z^b(-M_2) = -H_z^b(M_2)$로 표현할 수 있다.

세 번째 단계(method of moment)

왼쪽에 위치한 개구 A_L에서의 미지의 자계 전류 $\overline{M}_1$에 대한 전개 함수로서 $\left[\overline{M}_{1n}\right]$

을 아래와 같이 정의하고 오른쪽에 위치한 개구 A_R에서의 미지의 자계 전류 $\overline{M}_2$에 대한 전개 함수로서 $\left[\overline{M}_{2n}\right]$도 아래와 같이 정의함으로써 구하고자 하는 미지의 등가 자계 전류를 아래와 같이 표현할 수 있다.

$$\overline{M}_1 = \sum_{n=1}^{N_1} V_{1n} \overline{M}_{1n}, \tag{12}$$

$$\overline{M}_2 = \sum_{n=1}^{N_2} V_{2n} \overline{M}_{2n}, \tag{13}$$

이 표현식 (12)와 (13)에서 V_{1n}과 V_{2n}은 결정되어야 할 미지의 계수이고 기저(전개) 함수 $\overline{M}_{1n}$은 A_L에서

$$\begin{cases} \overline{M}_{1n} = 1\overrightarrow{a_z}, \ (n-1)\Delta y \le y \le n\Delta y \\ \overline{M}_{2n} = 0, \ \text{elsewhere} \end{cases}$$

로서 주어지며 $\overline{M}_{2n}$도 A_R에서 동일하게 정의된다. A_L에서의 시험 함수(testing function)로서 $\{W_{1n}\}$을 $\{\overline{M}_{1n}\}$과 동일하게 정의하고, A_R에서의 시험 함수로서 $\{\overline{M}_{2n}\}$과 동일하게 $[W_{2n}]$을 정의한다.

다음으로 수식 (12)와 (13)을 수식 (10)과 (11)에 대입하고, $\overline{W}_{1m}, m = 1, 2, 3 \cdots$과 $\overline{W}_{2m}, m = 1, 2, 3 \cdots$을 아래와 같이 주어진 연산자의 정의를 사용하여

$$\langle \overrightarrow{A} \cdot \overrightarrow{B} \rangle = \iint_{A_L \text{or} A_R} \overrightarrow{A} \cdot \overrightarrow{B}\, ds$$

수식 (10)과 (11)을 아래와 같이 수식 (14)와 (15)로 표현할 수 있다.

$$\left[Y_{11}{}^{a} \right] \overline{V}_{1} + \left[Y_{11}{}^{b} \right] \overline{V}_{1} + \left[Y_{12}{}^{a} \right] \overline{V}_{2} = \overline{I}^{i} \ , \tag{14}$$

$$\left[Y_{21}{}^{a} \right] \overline{V}_{1} + \left[Y_{21}{}^{b} \right] \overline{V}_{2} + \left[Y_{22}{}^{a} \right] \overline{V}_{2} = \vec{0} \ , \tag{15}$$

여기서 각각의 Matrix 성분은 다음과 같이 정의된다.

$$\left[Y_{11}{}^{a} \right] = - \left[\langle W_{1m}, H_{z}{}^{a}(M_{1n}) \rangle \right]_{N1 \times N1}$$
$$\left[Y_{11}{}^{b} \right] = - \left[\langle W_{1m}, H_{z}{}^{b}(M_{1n}) \rangle \right]_{N1 \times N1}$$
$$\left[Y_{12}{}^{a} \right] = - \left[\langle W_{1m}, H_{z}{}^{b}(M_{2n}) \rangle \right]_{N1 \times N2}$$
$$\left[Y_{12}{}^{a} \right] = - \left[\langle W_{2m}, H_{z}{}^{a}(M_{1n}) \rangle \right]_{N2 \times N1}$$
$$\left[Y_{22}{}^{b} \right] = - \left[\langle W_{2m}, H_{z}{}^{b}(M_{2n}) \rangle \right]_{N2 \times N2}$$
$$\left[Y_{22}{}^{c} \right] = - \left[\langle W_{2m}, H_{z}{}^{c}(M_{2n}) \rangle \right]_{N2 \times N2}$$
$$\overline{I}^{i} \left[\langle W_{1m}, H_{z}^{i} \rangle \right]_{N_1 \times 1}$$
$$\overline{V}_{1} \left[V_{11},\ V_{12},\ V_{13} \cdots,\ V_{1N_1} \right]^{t}_{N_1 \times 1}$$
$$\overline{V}_{2} \left[V_{21},\ V_{22},\ V_{23} \cdots,\ V_{2N_1} \right]^{t}_{N_1 \times 1}$$

여기에서 슬릿의 폭이 파장에 비하여 충분히 작은 경우에는 전개(기저) 함수와 테스트 함수를 1개의 항으로 근사(approximation)하여 아래와 같이 상수 벡터로서 선택할 수 있다.

$$\overline{M}_{11} = \overline{M}_{21} = \overline{M} = \vec{a}_{z} \frac{1}{w}, \tag{16}$$

$$\overline{W}_{11} = \overline{W}_{21} = \overline{W} = \vec{a}_{z} \frac{1}{w}, \tag{17}$$

따라서 $\overline{M}_1 = V_1\overline{M}$, $\overline{M}_2 = V_2\overline{M}$ 로 놓으면 보다 일반적인 회로망 방정식이었던 수식 (14)와 (15)는 아래의 스칼라 방정식으로 단순화된다.

$$Y^a V_1 + Y_{11}^b V_1 + Y_{12}^b V_2 = I^i \ , \tag{18}$$

$$Y_{12}^a V_1 + Y_{22}^b V_2 + Y^c V_2 = 0 \ , \tag{19}$$

$$Y^a = \frac{-1}{w}\int_0^w \vec{a}_z \bullet \overline{H}_i^a(\overline{M})dy \ , \tag{20}$$

여기에서 Y^a는 영역 a로 바라다 본 개구 (복사) 어드미턴스이며

$$Y^c = -\frac{1}{w}\int_0^w \vec{a}_z \bullet \overline{H}_z^c(\overline{M})dy \ , \tag{21}$$

는 개구 A_R에서 영역 C로 바라다본 개구 (복사) 어드미턴스이다. 그리고 등가회로에서의 인가 전류 I^i는

$$I^i = \frac{1}{w}\int_0^1 H_z^i dy$$

로서 주어지는데 왼쪽의 개구 영역 A_L을 단락(short)시켰을 때 A_L 구간을 흐른 평균 전류를 의미한다. 만일에 모든 영역이 공기(ϵ_0, μ_0)로 채워져 있다고 가정한다면 $Y_a = Y_c = Y_L$이다. 여기서 Y_L은 공기로 채워진 플랜지된 평행 평판 도파관의 개구 어드미턴스이다. 본문(제3장의 그림 3-8에서와 같이)에서는 입출력 슬릿의 복사 어드미턴스를 각각 Y_a와 Y_b로 표기하고 있음에 주의하라.

이 부분은 부록의 후반부로서 제3장에서 논의된 구조의 그린 함수의 유도 과정을 다루어 보자.

먼저 영역 a에서의 그린 함수 $G^{a}(x, y: x', y')$ 은 아래의 미분 방정식과 경계 조건을 만족해야 한다.

$$\left(\frac{\partial^2}{\partial x^2}+\frac{\partial^2}{\partial y^2}+k_0^2\right)G^{a}(x,y:x',y')=j\omega\epsilon_0\delta(x-x')(y-y'),\quad \left(\frac{\partial G^{a}}{\partial x}\right)_{x=0}=0$$

따라서 이 방정식의 해는 아래와 같이 주어진다.

$$G^{a}(x,y,x',y')=\frac{-\omega\varepsilon_0}{4}\left\{H_0^{(2)}(k_0\rho_1)+H_0^{(2)}(k_0\rho_2)\right\}\ , \tag{22}$$

여기서, $\rho_1=\sqrt{(x-x')^2+(y-y')^2}$, $\rho_2=\sqrt{(x+x')^2+(y+y')^2}$

계속해서 그린(Green)의 제2정리와 발산 정리를 사용하면 $x=0$ 지점에 위치한 슬릿을 단락(short)시키고 단락된 슬릿 구간 A_L에 대치한 등가 자계 전류 $M_z(0,y')$에 의하여 $z \le 0$인 공간에 발생되는 자계 H_z는

$$H_z^{a}(x,y)=\frac{-k_0}{4\eta_0}\int_0^{w}M_1(0,y')\left\{H_0^{(2)}(k_0\rho_1)|_{x'=0}H_0^{(2)}(k_0\rho_2)|_{x'=0}\right\}dy'$$

$$=\frac{-k_0}{2\eta_0}\int_0^{w}M_1(0,y')\left\{H_0^{(2)}(k_0\sqrt{x^2+(y-y')^2})\right\}dy'\ , \tag{23}$$

로서 표현된다. 여기서 $k_0=\omega\sqrt{\mu_0\epsilon_0}$, $\eta=\sqrt{\frac{\mu_0}{\epsilon_0}}$, 그리고 $(\omega, \mu_0, \epsilon_0)$는 일반적으로 사용되는 상수의 의미를 따른다. $x \ge d$인 영역에서의 그린 함수 $G^{a}(x, y: x', y')$ 와 자계 H_z^{c}도 위와 같은 방법으로 구하면 된다.

다음으로 $0 \le x \le d, 0 \le y \le W$에 해당되는 영역 b에서의 그린 함수 $G^{b}(x, y: x', y')$를 구해 보자. 먼저 이 그린 함수 $G^{b}(x, y: x', y')$ 은

$$\left(\frac{\partial^2}{\partial x^2}+\frac{\partial^2}{\partial y^2}+k_0^2\right)G^a(x,y:x',y')=j\omega\epsilon_0\delta(x-x')(y-y') \ , \tag{24}$$

로 주어지는 미분 방정식과 아래의 경계 조건을 만족해야 한다.

$$\left(\frac{\partial G^b}{\partial y}\right)_{y=0,\,w}=0, \ \left(\frac{\partial G^b}{\partial x}\right)_{x=0,\,d}=0$$

먼저 변수 분리 방법을 사용하여 식 (24)의 미분 방정식을 만족하는 그린 함수를 구하면

$$G^b(x,y:x',y')=j\omega\varepsilon_0\sum_{n=1}^{\infty}f_n(x)\cos\frac{n\pi y}{w} \ , \tag{25}$$

로 표현할 수가 있으므로 식 (25)와 $\delta(y-y')$ 항을 코사인 함수로 전개하여

$$\delta(y-y')-\frac{\varepsilon_n}{w}\sum_{n=0}^{\infty}\cos\left(\frac{n\pi y}{w}\right)\cos\left(\frac{n\pi y'}{w}\right) \ ,$$

와 같이 얻은 표현식을 식 (24)에 대입하여 정리하면

$$\sum_{n=1}^{\infty}\left\{\frac{\partial^2}{\partial x^2}+k_0^2-\left(\frac{n\pi}{w}\right)^2\right\}f_n(x)\cos\left(\frac{n\pi y}{w}\right)$$

$$=j\omega\epsilon_0\frac{\epsilon_n}{w}\delta(x-x')\sum_{n=1}^{\infty}\cos\left(\frac{n\pi y}{w}\right)\cos\left(\frac{n\pi y'}{w}\right) \ , \tag{26}$$

와 같다. 여기에서 ϵ_n는 노이만 상수(Neumann's number)이다($n=0$인 경우에 ϵ_n=1이고, $n>0$인 경우에 ϵ_n=2이다).

위의 식 (26)으로부터 $\cos\left(\frac{n\pi y}{W}\right)$ 항의 계수 비교를 통하여 다음 식을 얻게 된다.

$$\left\{\frac{\partial^2}{\partial x^2}+k_0^2-\left(\frac{n\pi}{w}\right)^2\right\}f_n(x)=j\omega\epsilon_0\frac{\epsilon_n}{w}cos\left(\frac{n\pi y'}{w}\right)\delta(x-x') \ , \tag{27}$$

이렇게 얻은 식 (27)에서 $x=0$, d에서 노이만 경계 조건을 부과하고 $x=x'$에서 두 개의 적절한 전원 조건(source condition)을 부과하여 계산하면

$$f_n(x)=j\omega\epsilon_0\frac{\epsilon_n}{Wk_n\sin k_n d}cos(k_n x')\cos\{k_n(x-d)\}\cos\left(\frac{n\pi y'}{W}\right), \tag{28}$$

을 얻게 되는데, 여기서 $k_n=\sqrt{k_z^2-\left(\frac{n\pi}{W}\right)^2}$ 이다.

결국 식 (25)와 (28)로부터 그린 함수 $G^b(x,y:x',y')$ 에 대한 표현식을 아래와 같이 얻을 수 있다.

$$G^b(x,y:x',y')$$
$$=\frac{j\omega\varepsilon_0}{w}\sum_{n=0}^{\infty}\frac{\varepsilon_n}{k_n\sin k_n d}\cos(k_n x')\cos\{k_n(x-d)\}\cos\left(\frac{n\pi y}{w}\right)\cos\left(\frac{n\pi y'}{w}\right)$$

따라서 $0\le x\le d$, $0\le y\le W$에 해당하는 슬릿 내부 영역인 b영역에서 $x=0$ 지점에 위치한 개구에 분포하는 표면 자계 전류 $-M_1$에 의하여 생성되는 자계 H_z^b는 아래와 같이 표현된다.

$$H_z^b(x,y)=j\omega\varepsilon_0\int_0^w\{-M_1(0,y')\}G^b(x,y:0,y')dy'$$
$$=j\omega\varepsilon_0\int_0^w\{-M(y')\}\sum_{n=0}^{\infty}\frac{\varepsilon_n}{k_n\sin k_n d}\cos\{k_n(x-d)\}\cos\left(\frac{n\pi y}{w}\right)\cos\left(\frac{n\pi y'}{w}\right)dy'$$

물론 이와 같은 과정을 이용하여 $-M_2$에 의하여 슬릿 내부 영역에 형성되는 자계 H_z^b도 얻을 수 있다.

APPENDIX 2

제3장에 있는 전달 어드미턴스(transfer admittance) $\frac{I^i}{V_2}$의 증명

두께가 있는 도체 스크린에 위치한 폭이 좁은 슬롯은 아래와 같은 등가회로로 표현할 수 있다.

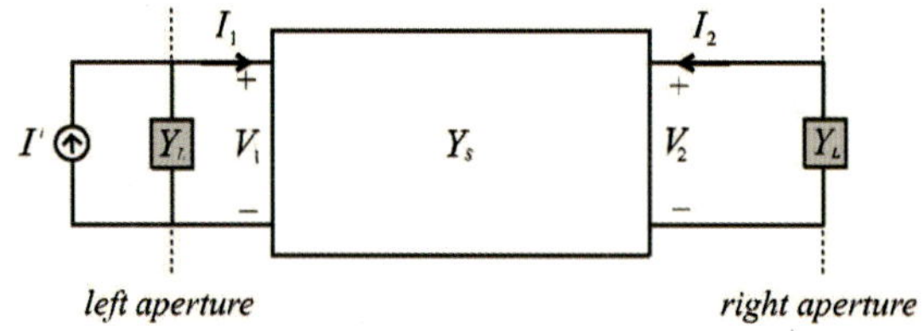

위의 등가회로에서 Y_s는 두께가 있는 도체 스크린에 위치한 좁은 슬릿 내부의 평행평판 도파관 영역을 나타내는 2단자 망(two port network)이고 Y_L은 플랜지된 평행평판 도파관의 양쪽, 즉 입출력 측의 슬릿에서 바깥(각각 왼쪽 반 공간과 오른쪽 반 공간)으로 바라다본 개구(복사) 어드미턴스를 의미한다.

먼저 아래 그림과 같이 전파 상수, 특성 임피던스(어드미턴스), 전송 선로의 물리적인 길이가 각각 $k_0, Z_0(Y_0), d$로 주어지는 전송 선로로 구성된 그 단자 망에 대하여 어드미턴스 파라미터인 $[Y_s]$를 구해 보자.

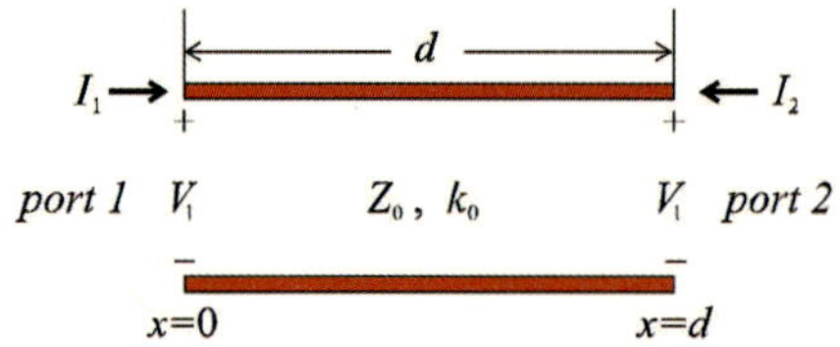

$$\begin{bmatrix} I_1 \\ I_2 \end{bmatrix} = [Y_s]\begin{bmatrix} V_1 \\ V_2 \end{bmatrix} = \begin{bmatrix} Y_{11} & Y_{12} \\ Y_{21} & Y_{22} \end{bmatrix}\begin{bmatrix} V_1 \\ V_2 \end{bmatrix}$$

먼저, Y_{11}부터 구해 보자. Y_{11}은 $I_1 = Y_{11}V_1 + Y_{12}V_2$로부터

$$Y_{11} = \left(\frac{I_1}{V_1}\right)_{V_2 = 0}$$

로서 정의되는데 $V_2 = 0$가 되려면 포트 2는 단락(short)시켜야 한다. 위의 전송선에서 포트 2가 단락 상태에서 포트 1에서 오른쪽으로 바라다본 어드미턴스가 되므로

$$Y_{11}\frac{1}{jZ_0 \tan k_0 d} = -jY_0 \cot k_0 d$$

로서 바로 계산된다. Y_{22}의 경우에도 포트 1을 단락시키고 포트 2에서 왼쪽으로 바라다본 어드미턴스이므로 Y_{11}과 동일하게 된다. 계속해서 Y_{12}를 구해 보자. Y_{12}는 $I_1 = Y_{11}V_1 + Y_{12}V_2$로부터

$$Y_{12} = \left(\frac{I_1}{V_2}\right)_{V_1 = 0(Port\,1\text{이 단락된 경우})}$$

로 정의된다. 따라서 포트 2($x=d$)에서 왼쪽으로 입사하는 전압파를 V_2^+로 기술한다면 $x=d$에서 입사 전류파는 $\frac{V_2^+}{z_0}$가 되고 이러한 전류파가 왼쪽 포트 1($x=0$인)에 입사하게 될 때의 입사 전류파는 $\left(V_2^+ e^{-jk_0 d}\right)/z_0$가 된다. 또한 $x=0$인 포트 1을 단락했을 때 전류의 반사 계수는 +1이므로 반사 전류파($x=0$)는 $\frac{V_2^+ e^{-k_0 d}(+1)}{z_0}$가 되어 포트 1 ($z=0$)에서의 총 전류는 $\frac{2V_2^+ e^{-k_0 d}}{z_0}$가 된다. 한편 포트 2($x=d$인)에서의 입사 전압파 V_2^+는 $x=0$의 포트 1으로 오면서 $e^{-jk_0 d}$의 위상 변화를 겪게 되고 $x=0$의 포트 1이 단락된 상황에서 전압파 반사 계수가 -1이고 다시 $x=0$의 포트 1에서 $x=d$의 포트 2까지 오면서 겪는 위상차 $e^{-jk_0 d}$를 감안하면, 이렇게 포트 2에서 입사하여 포트 1에서 반사하고 다시 포트 2에 도달한 반사파는 $V^+(-1)e^{-j2k_0 d}$로 주어지므로 결국 포트 2에서의 전체 전압파는 $V_2^+ + V_2^+(-1)e^{-j2k_0 d}$가 되어 Y_{12}는

$$Y_{12} = \frac{\left(2V_2^+ e^{-jk_0 d}\right)/Z_0}{V_2^+ - V_2^+ e^{-j2k_0 d}} = Y_0 \frac{2}{e^{jk_0 d} - e^{-jk_0 d}}$$

$$= \frac{2Y_0}{j2\sin k_0 d} = -jY_0 \csc k_0 d$$

가 된다. $Y_{21}(=Y_{12})$의 경우도 마찬가지로 구하면 된다. 따라서 어드미턴스 매트릭스 Y_s는 아래와 같이 주어진다.

$$[Y_S] = \begin{bmatrix} Y_{11} & Y_{12} \\ Y_{21} & Y_{22} \end{bmatrix} = \begin{bmatrix} -jY_0 \cot k_0 d & -jY_0 \csc k_0 d \\ -jY_0 \csc k_0 d & -jY_0 \cot k_0 d \end{bmatrix}$$

그리고 $I_1 = Y_{11}V_1 + Y_{12}V_2$와 $I_1 = I^i - Y_L V_1$으로부터

$$I^i - Y_L V_1 = Y_{11}V_1 + Y_{12}V_2 \ , \tag{1}$$

를 얻게 되고 동시에 $I_2 = Y_{21}V_1 + Y_{12}V_2$와 $I_2 = -Y_L V_2$로부터

$$-Y_{21}V_1 = (Y_{22} + Y_L)V_2 \ , \tag{2}$$

를 얻게 되므로 식 (1)로부터

$$V_1 = \frac{I^i - Y_{12}V_2}{Y_L + Y_{11}} \ , \tag{3}$$

를 얻어서 식 (3)을 식 (2)에 대입하여 정리하면

$$(-Y_{21})\frac{\left(I^i - Y_{12}V_2\right)}{Y_L + Y_{11}} = (Y_{22} + Y_L)V_2$$

가 된다. 이 식으로부터 우리가 원하는 $\frac{I^i}{V_2}$에 대한 표현식을 구하면

$$\frac{I^i}{V_2} = Y_{12} - \frac{(Y_L + Y_{22})(Y_L + Y_{11})}{Y_{21}} \quad , \tag{4}$$

을 얻게 된다. 여기에서 잠시 $Y_{12}Y_{21} - Y_{22}Y_{11}$을 계산해 보자. 우리가 다루고 있는 경우는 대칭(symmetrical) 행렬이므로 $Y_{12} = Y_{21}$이고 $Y_{22} = Y_{11}$이다. 따라서

$$\begin{aligned} Y_{12}Y_{21} - Y_{22}Y_{11} &= \left(\frac{Y_0}{jsink_0 d}\right)^2 - \left(\frac{Y_0 \cos k_0 d}{jsink_0 d}\right)^2 \\ &= - Y_0^2 \frac{1}{\sin^2 k_0 d} + Y_0^2 \frac{\cos^2 k_0 d}{\sin^2 k_0 d} = - Y_0^2 \end{aligned}$$

이 되어 기존의 회로망 이론에서 어드미턴스 행렬 요소 간의 관계식을 만족하는 것을 확인할 수 있다. 또한 $\frac{I_1}{V_2}$에 대한 표현식을 구하기 위하여 계산을 하면 다음과 같이 원하는 식을 구할 수 있다.

$$\begin{aligned} \frac{I^i}{V_2} &= \frac{Y_{12}Y_{21} - Y_{11}Y_{22} - Y_L(Y_{11} + Y_{22}) - Y_L^2}{Y_{21}} \\ &= \frac{- Y_0^2 - Y_L(2Y_{11}) - Y_L^2}{Y_{21}} \\ &= \frac{Y_0^2 - Y_L\left(\frac{2Y_0 \cos k_0 d}{jsink_0 d}\right) - Y_L^2}{\frac{Y_0}{jsink_0 d}} \\ &= - 2Y_L \cos k_0 d - j\left(Y_0 + \frac{Y_L^2}{Y_0}\right)\sin k_0 d \quad , \end{aligned} \tag{5}$$

참고로 여기에서 구한 $\frac{I^i}{V_2}$라는 물리량은 본문에서 정의한 전달 어드미턴스 $Y_{12}\left(= \frac{I^i}{V_2}\right)$로서 어드미턴스 행렬 요소 중 하나인 Y_{12}와 혼동하지 않도록 주의하기 바란다.